U0226469

逆算手账法是什么?
如何将虚无缥缈的梦想变成现实?

① 愿景(Vision)

将振奋人心的未来
具体化。

人生愿景

② 计划(Plan)

从振奋人心的未来
倒推,制订计划。

10年逆算

③ 行动(Action)

开开心心地实现一个
又一个梦想与目标。

2018.10.10

逆算手账法
与外出野炊如出一辙

你是否出现过这些情况?

难得休息日天公作美,却被不得不做
之事霸占了一整天。

改变手账的使用方法后，
能带来这些变化

只写着不得不做之事的手账

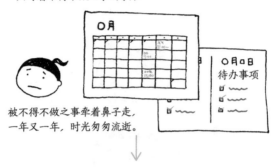

被不得不做之事牵着鼻子走，
一年又一年，时光匆匆流逝。

写满了想做之事的手账

因为可以一件一
件地实现想做之
事，所以每天无
比开心。

来吧，你也从振奋人心的未来
开始逆算吧。

人生愿景（展望振奋人心的未来）→第 44～45 页

人生逆算（制订人生计划）→第 61 页

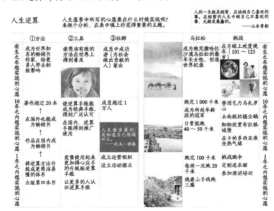

10 年逆算（制订今后 10 年的计划）→第 66 页

1 年逆算（制订今后 1 年的计划）→第 85 页

年度目标（今后一年的目标管理）

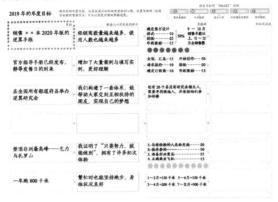

15 个月甘特图（全盘把握所有想做之事）→ 第 109 页

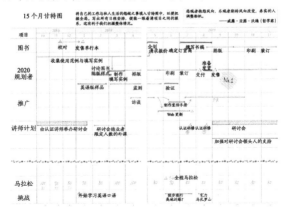

月份甘特图（全盘把握一个月的计划）→第 130 页

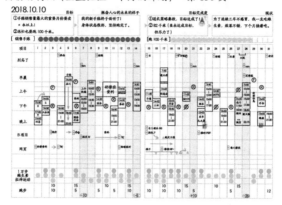

每日愿景（思考如何接近"理想的一天"）→第 163 页

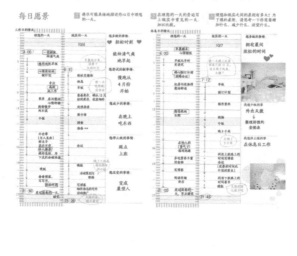

逆算手账

以终为始的圆梦计划

逆算手帳の習慣
ふわふわした夢を現実に変える

[日] 小堀纯子（JUNKO KOBORI） 著

徐芳芳 译

机械工业出版社
CHINA MACHINE PRESS

图书在版编目（CIP）数据

逆算手账：以终为始的圆梦计划 /（日）小堀纯子著；徐芳芳译 . -- 北京：机械工业出版社，2021.2（2024.5 重印）
ISBN 978-7-111-67406-1

Ⅰ. ①逆⋯　Ⅱ. ①小⋯ ②徐⋯　Ⅲ. ①本册 ②任务管理－通俗读物　Ⅳ. ① TS951.5 ② C931.2

中国版本图书馆 CIP 数据核字（2021）第 018958 号

北京市版权局著作权合同登记　图字：01-2020-7143 号。

GYAKUSAN TECHO NO SHUKAN.
By JUNKO KOBORI.
Copyright © 2018 JUNKO KOBORI.
Simplified Chinese Translation Copyright © 2021 by China Machine Press/Beijing Huazhang Graphics & Information Co., Ltd.
All rights reserved.
Original Japanese language edition published by Diamond, Inc.
Simplified Chinese translation rights arranged with Diamond, Inc. through Bardon-Chinese Media Agency. This edition is authorized for sale in the Chinese mainland (excluding Hong Kong SAR, Macao SAR and Taiwan).
No part of this book may be reproduced or transmitted in any form or by any means, electronic or mechanical, including photocopying, recording or any information storage and retrieval system, without permission, in writing, from the publisher.
All rights reserved.
本书中文简体字版由 Diamond, Inc. 通过 Bardon-Chinese Media Agency 授权机械工业出版社在中国大陆地区（不包括香港、澳门特别行政区及台湾地区）独家出版发行。未经出版者书面许可，不得以任何方式抄袭、复制或节录本书中的任何部分。

逆算手账：以终为始的圆梦计划

出版发行：机械工业出版社（北京市西城区百万庄大街 22 号　邮政编码：100037）
责任编辑：胡晓阳　薛敏敏
责任校对：殷　虹
印　　刷：北京建宏印刷有限公司
版　　次：2024 年 5 月第 1 版第 3 次印刷
开　　本：130mm×185mm　1/32
印　　张：6.25
插　　页：4
书　　号：ISBN 978-7-111-67406-1
定　　价：49.00 元

客服电话：（010）88361066　68326294

版权所有·侵权必究
封底无防伪标均为盗版

我有想做之事，但一直处于虚无缥缈的状态，毫无进展……

我的现状还好，但对未来的模糊不清充满了不安……

我并没有什么不满，但总觉得心烦意乱，静不下来……

你有类似的感受吗？

我将在本书中与你分享如何消除虚无缥缈、模糊不清和心烦意乱，将你的梦想变为现实。让我们满怀兴奋、脚踏实地地去实现自己的心愿吧。

前言 PREFACE

　　"有想做之事吗？模模糊糊是有的……"

　　"总之我不想再这样下去了！但你问我想怎么样？我还不知道。"

　　"总是有种忐忑不安的感觉，一种说不清、道不明的感觉。"

　　你有过这种说不清、道不明的感觉吗？模糊不清、难以捉摸、虚无缥缈，像雾一样朦胧的感觉。有时，这种感觉经过一段时间后会自行消失，但也可能永远不会消失，永远飘忽不定，令你心神不宁。

虚无缥缈与心烦意乱，使用逆算法就能消除殆尽！

我猜你一定也希望彻底清除这种虚无缥缈与模糊不清的感觉，拥抱心旷神怡的好心情。我也曾被烦躁不安所困扰，一切都显得虚无缥缈，心态无法平和，就像图 0-1 右侧的状态。

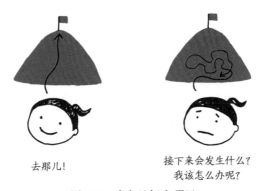

去那儿！

接下来会发生什么？
我该怎么办呢？

图 0-1　确定目标在哪里

我的烦躁不安，其实是因为浪费时间而感到的焦虑。再深入思考一下时间的意义，我觉得自己简直是在浪费生命。

"我现在做的事有意义吗？""我觉得自己能做更有意义的事，但不知道那是什么事。"我曾经被这些想法困扰过。虽然我也在努力，但我没有想要成为什么样子或想要做什么的明确目标，最终只能在山脚下徘徊，漫无目的地努力。好像有想做之事，又好像没有。虚无缥缈，又捉摸不定。

我之所以能够摆脱这种状态，是因为我确定了目标。换句话说，我转变成了图 0-1 左侧的状态。最初虚无缥缈、模糊不清的目的地，现在已经相当具体、明确了。原以为不可能实现的宏伟目标，原来是可以通过逐一完成每一个小目标实现的。

如果你现在的状态就像图 0-1 的右侧一样，那么请你试试我接下来要分享的将逆算思维和手账法相结合的方法。这两者的结合能让你拥有清晰、明朗的活法，就像图 0-1 中左侧的状态那样。如果现在的你正在朝着目标稳步前进，那么逆算手账可以帮助你加快前进的速度。

为消除心烦意乱而独创的逆算手账法

十几年前，我设计了逆算思维和手账法的组合技巧。2004 年，我开始创业并开始使用纸质手账。那时，除本职工作外，我还要处理公司的杂务，再加上家里的事务，不得不做之事之繁杂，完全超出了我的可控范围。就在那个时候，我听说只要使用手账，一切都能迎刃而解。使用手账后，我发现手账的确帮助我顺利地管理了任务和日程，但我总觉得少了点什么。从早到晚，我忠实地按照待办事项清单上的优先顺序处理工作，但不知为何，我的内心并没有感到满足。我日复一日地处理着每天不得不做之事，不可名状的不满和焦虑在我心里不断堆积。这就是前面提到的心烦意乱。

如果你尚未决定自己要去哪里，你就无法到达任何地方。明白这一点后，一切就都简单了。

因此，正如我在前面介绍的那样，我改变了手账的使用方法。手账上不应该只写着不得不做之事，我把它变成了写满想做之事的手册。现在，手账里有想做之事和相应的计划。只要一步一步地执行计划，想做之事就会一件接着一件地实现。

有一次，在一个研讨会上，我介绍了从目标开始倒推制订计划的方法，并且邀请参与者当场体验，可是几乎所有人都不会使用这个方法。嘴上说想实现梦想，却无法把梦想具体化，梦想依然处于虚无缥缈的状态。目标模糊不定，便无法制订计划。没有计划，就谈不上具体的行动。我没想到有这么多人有这种情况，这让我多少有些震惊。

于是，2016 年，我出版了《逆算手账》一书，在书中我系统地分享了相关方法。这样每个人都可以掌握逆算思维并将其付诸行动。

在本书中，我想与大家分享如何将逆算思维和手账法结合起来——逆算手账法。不用担心，即使没有逆算手账，你也照样能实践我说的这个方法。

请使用你喜欢的笔记本或钟爱的手账

我再啰唆一遍，即使没有逆算手账，使用你喜欢的笔记本或钟爱的手账，也照样可以实践这个方法。我原本也使用市面上出售的笔记本和手账，后来才设计了专用表格，又增加了相应工具，使之更加便于使用，才有了逆算手账。

使用你喜欢的笔记本、日常使用的活页本或心爱的手账的备忘录页，你现在就能实践逆算手账法。无论什么尺寸和种类的笔记本或手账都可以。

不过，我建议你尽量选择方便携带的本子。

如果一直把手账放在家里，写的东西就很容易被遗忘。当我们突然想到一件想做之事或实现梦想的好点子时，假如手头没有手账，转眼便会忘记。所以，重要的是能够随时回看并快速增补内容。

假如你打算选购一本手账，我建议你尽量选择能让自己情绪高涨的手账。选择一本高颜值的、能让你欢欣雀跃的手账，这样你自然会随身携带它并想时刻翻开来看。这本手账会成为你的好搭档。

逆算思维助你实现梦想的三个步骤

逆算手账法包括以下三个步骤：愿景（Vision）→计划（Plan）→行动（Action）。

首先，我们要设想一个具体的、振奋人心的未来并用语言将其描述出来。其次，我们要从振奋人心的未来开始"逆算",制订实现梦想的计划。最后,就是开开心心地朝着实现梦想的方向行动起来。

关键是要开开心心地去做。不要眉头紧锁、一副苦大仇深的样子,我们要迈着轻快的步伐往前走。

介绍手账法之前,我会在第 1 章中先谈谈逆算思维是怎么回事。逆算听起来似乎有点难,其实不然。你不知不觉中就在逆算思考问题。以往我们很多人无意识地逆算,当我们能够有意识地有效利用它时,我们就离实现梦想不远了。

在第 2 章中,我将分享如何用语言把振奋人心的未来具体地描述出来。这看起来简单,做起来难。因为很多人都跟我说过:"我不知道什么事能让我振奋起来。"此时,关键在于要说真话,而不是场面话。你要努力寻找能让你发自内心感到振奋的事。我们将按照步骤，把难以捉摸、虚无缥缈的梦想具体化。

在第 3 章中，为了实现振奋人心的未来，我们将用逆算法制订计划。或许会有人觉得制订计划很难。我们举办研讨会的时候，也有很多人在制订计划的时候情绪低落。我们之所以觉得制订计划难，是因为我们没找到方法。我们在学校里学过怎么制订计划吗？父母或老师有时会对我们说"你要制订计划"，但计划该怎么制订，似乎并没有人教过我们。不过没关系，只要掌握了方法，你就会发现制订计划其实并不难。第 3 章不但会介绍制订计划的基础知识，还会介绍"项目化"这一绝佳秘诀。

在第 4 章中，我将分享如何开开心心地实现梦想和目标。通往梦想的道路并不平坦。目标越宏伟，道路就越崎岖。我们会碰上难题，提不起干劲，有时还会遭遇挫折。正因为如此，乐在其中才更重要。快乐才能坚持，坚持必有收获。

最后，在第 5 章中，我将通过三位女士的案例来分享逆算手账法的具体实践方法。第一位是致力于减肥、早起和提升职业能力的 30 岁左右的 A 女士。第二位是想要平衡工作、家务、育儿和自我梦想的 40 岁左右的 B 女士。第三位是想利用兴趣爱好创业的 50 岁左右的 C 女士。她们实现梦想的过程很值得参考。

把梦想变为现实的方法异常简单。明确自己的梦想或目标，以终为始，使用逆算法制订计划并实施计划，仅此而已。

来吧，先确定你想去的地方，再思考该怎么去，然后开开心心地上路吧！

2018 年 7 月　小堀纯子

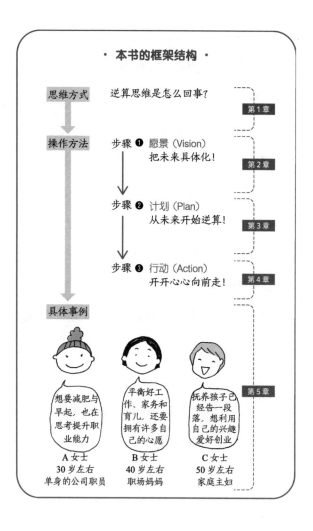

· **本书的框架结构** ·

| 思维方式 | 逆算思维是怎么回事？ | 第1章 |

| 操作方法 | 步骤 ❶ 愿景（Vision）
把未来具体化！ | 第2章 |

步骤 ❷ 计划（Plan）
从未来开始逆算！ 第3章

步骤 ❸ 行动（Action）
开开心心向前走！ 第4章

具体事例

想要减肥与早起，也在思考提升职业能力

平衡好工作、家务和育儿，还要拥有许多自己的心愿

抚养孩子已经告一段落，想利用自己的兴趣爱好创业

第5章

A女士
30岁左右
单身的公司职员

B女士
40岁左右
职场妈妈

C女士
50岁左右
家庭主妇

读者的体验反馈

逆算手账法为我的
人生赋能！

吉田遥女士（化名）（公司职员，30多岁）
跳槽成功，迈上人生新台阶

我之前供职的公司工作氛围不错，但从2017年夏天开始，我一直感到莫名的心烦意乱。不过，即便如此，我也并没有采取行动，立即寻找新的工作。使用逆算手账后，我的想法逐渐得到了清晰的梳理，我终于下定决心去迎接新的挑战。自那之后不到一个月，在机缘巧合之下，我遇到了一家想任职的公司并成功跳槽，迈上了人生的新台阶。

沙珍女士（化名）(公务员，20多岁)

考取心理健康管理资格考试Ⅲ类与Ⅱ类的两个证书

我时常感到工作压力大，每天肩酸背痛的，心理上有时还抗拒去上班，真希望每天能过得开心一些。就在我烦恼之时，我遇见了逆算手账。

我立即入手了一册并开始规划人生愿景。在规划人生愿景时，我决定要"更加注重健康"，成为一个能掌控压力的人，于是我参加了心理健康管理资格Ⅲ类与Ⅱ类的考试，没想到两个考试都一次顺利通过。现在我换到了新部门，虽然还不太熟悉新工作，但我有效利用备考心理健康管理考试时所学的知识，做到了不累积压力，开开心心地工作，每天生活得更愉快了。

寺田知贺子女士(公务员，20多岁)

养成了学习外语的好习惯

我给自己设定了现阶段要成为英语达人的目标并坚持学习英语。在逆算手账上记录学习过程后，想要不断学习下去的愿望越来越强烈，不知不觉已经养成了学习英语的好习惯。我会从当天学习的广播课程中最多选取两句"必须掌握"的英语句子，将它们记录在手账的日历页上。

除了英语，将来我还打算学汉语和西班牙语，希望能一直从事国际性的工作。

田中步女士（思维管理教练，40多岁）
成功减重8公斤！

为了实现自我成长、提升自信，我正在实施一些训练项目，比如学习如何美白与塑形，学习得体的说话方式与礼仪等。在塑形方面，我已经成功减重了8公斤。在事业上，我首先着手调整工作环境，完成了早就想做却一拖再拖的名片更新、个人简介照片更换等工作。

另外，我还开启了一项新事业。在规划人生愿景时，我第一次意识到自己的初心是"从事辅助他人的工作"，因此我从今年开始从事创业者的辅助支持、培训班的引导师等工作。

金泽澄江女士（企业经营者，40多岁）

我成功将"成为动物沟通师"这一梦想变成了目标

每天看着自己规划的人生愿景，使我真正想实现的梦想变得更为明确，因此我才下定决心更改了人生目标。"无论我多么欢欣雀跃地在手账上描绘人生愿景，心里都觉得别扭，这是为什么呢？"思考了许久，我才逐渐意识到，是我真正想实现的梦想与正在努力实现的梦想并不一致的缘故。看着手账上描绘的人生愿景，我反复与自己对话，然后发现自己其实一直在找借口，并没有真正地想把梦想变成目标。我之前总是武断地认为，对我来说要实现那个梦想太难了！意识到这一点之后，我就懂得该如何让自己振奋起来了。现在我已经开始学习如何才能成为一名动物沟通师，为了在今年秋季能够推出相关服务，我正在努力做准备。

冈本幸穗女士（治疗师，30多岁）

我开始去外地做项目了

我喜欢旅行，使用了逆算手账，我才得以规

划出边旅行边工作的梦想生活。朋友拜托我在他的结婚典礼上安排助兴节目，我将它加以"项目化"执行后获得了成功。在助兴节目中播放的DVD的拍摄以及快闪的活动方案等，都是我逆算后有准备地执行的，所以没有出现紧要关头手忙脚乱的情况，而是从容不迫地顺利完成了任务。

在瘦身方面，我从朋友的结婚典礼举办前三个月开始进行合理减重，反弹很少，现在依然保持得不错。

斋藤杏女士（化名）（公司职员，30多岁）
公寓卖出了高价，家务外包的心理门槛降低了

我把自住公寓以高于购买价的高价卖出，赚了一笔钱。有了这笔钱，我心愿单上写着的"矫正牙齿""购买宝马汽车""每周去美容院做保养"等需要花费重金的心愿就都有望达成了。

出售公寓之际，我请了家政公司来大扫除，家务外包的心理门槛也由此降低了。我现在连令人讨厌的衣物洗涤也交给代洗服务了。

长谷川裕美女士（心理教练，30多岁）

我接受了纠结多年的激光矫视手术

我在逆算手账的心愿单里写下了"接受激光矫视手术"，这使我终于狠下心去做了手术。手术结束后，我的两眼视力都是1.5。正如当初所愿，每天无论何时，我都拥有清晰的视野。

在工作上，我挑战拍摄了以前一直很不擅长的视频，上传到Facebook后，居然广受好评。因为我以往工作的表达媒介只限于文章与照片，所以当我想更迅速、更有温度地回答别人的提问时，我自然而然就想到了使用视频。尝试之后我发现，由于是独自一人拍摄，因此并不会觉得不好意思。我这才意识到，以前是我自己一厢情愿地认为拍摄视频太难罢了。

此外，我还初次尝试设计并制作了原创产品，居然转眼间就卖断货了。我不但在国内销售，还销往国外（法国），令人高兴的是，在国外也销售一空。

肥后知惠女士（网络总监，30 多岁）

我实现了在最喜爱的家里工作，做家务成了放松身心的手段

在逆算手账里写下人生愿景后，我重新意识到自己现在的生活与理想之间的距离是如此遥远。于是我终于从公司辞职了。现在我每天都可以居家生活，心平气和，做家务也成了一种乐趣。

林明子女士（公司职员，40 多岁）

我曾经是只旱鸭子，40 多岁学会自由泳，现在能游 25 米！

我从小就想学游泳，一晃已经过了 40 年。不过，只是停留在想法上是没有用的，于是我在逆算手账里写道："总之先买泳衣。"后来我加入了运动俱乐部，数月后我成功实现了"脱离旱鸭子"的心愿，真是太开心了。

**目录** CONTENTS

前言
读者的体验反馈

第1章 逆算思维 无处不在 ⋮001

01 日常生活中的逆算 ⋮002

02 逆算思维与累积思维 ⋮010

03 逆算使人心境平和的三个原因 ⋮015

04 束缚你的三条咒语 ⋮018

第 2 章　愿景　把未来具体化 ┊ 024

01 想象三种未来 ┊ 025

02 写出 100 个心愿 ┊ 028

03 将负面的心愿升级为正面的心愿 ┊ 036

04 大胆想象令你振奋的未来 ┊ 040

05 提升未来鲜明度的两个方法 ┊ 048

第 3 章　计划　从未来开始逆算 ┊ 053

01 如何制订计划 ┊ 054

02 人生逆算表的制作方法 ┊ 057

03 10 年逆算表的制作方法 ┊ 064

04 年度逆算表的制作方法 ┊ 077

05 项目化 ┊ 087

06 设定"不痛苦的目标"的秘诀 ┊ 111

第 4 章　行动　开开心心向前迈进 ┊ 120

01 在重温愿景中开启每一天 ┊ 121

02 被眼前不得不做之事束缚的原因 ┊ 123

03 让远在天边的梦想变得近在眼前 ┊ 126

04 开开心心向前迈进的诀窍 ┊ 129

05 苦中作乐的两个方法 ┊ 133

06 感到痛苦，说明已经接近终点 ┊ 138

07 如何克服"做不到"心理 ┊ 140

专栏 一家四人都使用逆算手账，结果令人惊喜 ┊ 146

第5章 **逆算手账法 案例介绍** ┊ **157**

如何消除虚无缥缈与心烦意乱 ┊ 158

结语 理想的生活方式由自己决定 ┊ **173**

第 1 章

逆算思维

无处不在

01 日常生活中的逆算

逆算？听起来有点难。不会不会，你在日常生活中也许就在无意识地逆算。

假如你去公司或学校的时间是确定的，那么为了保证不迟到，你一定会算好出门时间。做出门准备需要时间；如果要吃早饭，就需要吃饭的时间；如果要做便当，就需要更多时间。从出门的时间逆算回去，你就知道自己必须要几点起床。为了避免睡过头，想必很多人都会设置闹钟。

在工作中，逆算也很常见。而且，需要逆算的，不仅仅是时间。让我们设想这样一个场景，你已经约好 15:00 去客户公司开商谈会。

首先，为了如期赴约，需要逆算一下时间。

假设提前 10 分钟，即 14:50 到达客户公司。先查好从最近的车站走到客户公司需要花费多长时间，假设从车站走过去需要 10 分钟，那么就必须在14:40 到达车站。同时，事先也要查清楚哪个出口距离客户公司最近。

接下来，要决定前往路线。查好耗时最短的路线后，我们决定乘坐 14:07 的电车。再查看哪节车厢离出口最近。如果中途需要转车，就要查好在哪节车厢更方便转车。

既然是工作商谈，自然不能空着手去。根据商谈目的，我们要逆算一下并列出必须携带的物品的清单，比如产品宣传册、产品样本、方案书、报价单。保险起见，再检查一下名片数量是否足够。然后查看天气预报，看看需不需要带伞，这样就能放心了。

整个逆算过程可参见图 1-1。

15:00 会议开始

↑

14:50 到达客户公司

↑

14:40 到达○○车站（出口是○号）

↑

14:07 ○○线快车（○号车厢）

↑

13:55 出发（记得带上产品宣传册和雨伞）

↑

13:25 开始做出发前的准备

设置三个闹钟

1 出发时间（13:55）

2 出发前 5 分钟（13:50）

3 开始准备的时间（13:25）

这样一来，你就可以放心地投入工作，
直到闹钟响起。

图 1-1 工作中的逆算

事前准备工作也需要逆算。

首先，需要备齐清单中列出的需要携带的物品。如果需要携带方案书等资料，就得估算一下什么时候准备资料，准备资料大约花费多长时间。如果需要领导批准盖章，就有必要请领导审核资料，保险起见，将修改资料的时间也算在内。

如果需要从其他部门邮寄获取产品样本，就有必要联系负责人，并且事先"逆算"好产品样本邮寄所需天数。

如果是初次拜访的客户，或许还有必要做些调查研究的功课，比如浏览该公司的网站、翻阅社长的博客等。如果是第二次商谈，就需要查阅上一次的商谈记录，确保准备工作万无一失。然后，在拜访当天的早上给负责人发一封提醒邮件，顺带问候对方。

最后，我们要安排日程。逆算好时间、该做何事、必要物品之后，我们要制定详细的日程。

将何时做何事、何时让何人做何事写进日程表里，这样一来，基本的逆算就完成了。

如果这次商谈的难度较大，为了提高成功概率，我们还要逆算一下事先要做哪些协调工作。如果你是日程安排的中级达人，我猜你已经把商谈结束后的必要工作（比如整理商谈记录或报价单等）列入日程计划了。

再举一个更贴近我们生活的例子。假设我们决定了"今晚吃寿喜锅[⊖]"，如果是你，你接下来会怎么做呢？

如果是我，我会先查看家里有哪些现成的食材与调味品，然后制作购物清单。经常光顾的那家超市的商品陈列图已经刻在我的脑海里了，所以我会根据从超市入口到收银台这条路线上的商品陈列情况，来决定先买什么、后买什么，这样可以高效地结束购物，节省不少时间。

⊖ 日式牛肉火锅。——译者注

像这样制作购物清单也是一种逆算（见图1-2）。先决定要做什么菜（决定未来），然后逆算为此需要什么东西，最后付诸行动（去购买）。

如果是为家人庆贺（比如生日等），就要多准备一些他们爱吃的东西。如果是款待客人，就要买贵一点的肉。如果只是自己有点想吃，我们就可以选择物美价廉的肉。

首先，要有一个希望获得的结果——"希望如此"。想要的结果不同，需要的东西就会随之变化，该做的事也会随之改变。

如果没有决定好做什么菜就去购物，你就会被一时兴起的念头或特价商品等左右。当然，并不是说这种顺其自然的做法就不好。当你觉得"什么都行"的时候，顺其自然也挺好。但有时你的"什么都行"，其实并不是真的"什么都行"，只是因为你想要的东西一直是虚无缥缈的，所以你才回答"什么都行"罢了（见图1-3）。假如你

是款待客人，
还是为家人庆贺，
或者只是自己想吃？
目的不同，豪华程度
也会随之变化。

今晚吃
寿喜锅！！

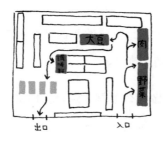

按照从上到下的顺序买，既
省工夫，又可以避免遗漏。

购物清单

- 茼蒿
- 大葱
- 香菇
- 牛肉
- 魔芋丝
- 烤豆腐
- 酱油

也要视量与预算而定。

图 1-2　制作购物清单也是一种逆算

有一个"希望如此"（此时是想吃寿喜锅）的目标并想实现它，那么我认为制订一个计划，逆算出必需的东西，然后按计划行动更明智。

图1-3 "什么都行"是真实想法吗

接下来我想与你分享的，并不是"什么都行""怎么都行"的活法，而是能实现"希望如此""要是这样就好了"的活法。

02 逆算思维与累积思维

读到这里，你有什么感受？我猜你已经意识到了，在日常生活中，即便毫无意识，你也在逆算。或许你还会发现，与逆算相比，自己更偏向于顺其自然、漫无目的的行事风格。

让我们来看一看这两种方法，即立足于未来思考的逆算思维与立足于现在思考的累积思维有何不同，请看图 1-4。

逆算思维是指有一个"想成为"的未来，然后思考需要为此做些什么。而累积思维并不考虑未来，它只关注"暂且"能做些什么。因为没有一个明确"想成为"的目标，所以并不知道以后会怎样，就像闭着眼睛前行。

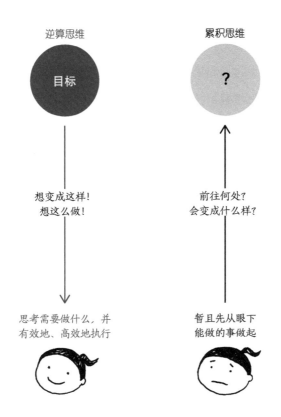

图 1-4 逆算思维与累积思维的差别

使用逆算思维时，目标清晰可见，这就像朝着北极星的方向前行，即使遇到了岔路，也能做出正确的选择。而使用累积思维时，面对岔路便不知道自己将要前往何处，自然无从选择。使用累积思维最终或许会朝着"好像"是的那个方向前行。但因为自己没有判断标准，所以一旦有人说"这边更好"，往往就会随波逐流。

使用逆算思维时，因为有自己的判断标准，所以即使也会参考别人的建议，但不会随波逐流。如果别人所指的方向与自己想要前行的方向并不一致，此时能明确地说"不"。不断做出正确的选择，我们就能切实接近目标。

而累积思维只会不断重复"暂且"与"好像"，并且常常受周围人的意见左右，自己不知不觉就变成了茫然的漂流，即使偶然到达了看似不错的地方，也不知道这到底是不是自己想要的。

经常重复"暂且"与"好像"的累积思维，

会花费我们更多的时间且我们容易遗漏要做的事。
我们一起回顾一下前面制作购物清单的例子。

如果没有决定好晚餐要吃什么，也没有列好
购物清单就去购物，后果会怎么样呢？可能就会
买下"好像"有点想要的东西，或者因为降价了
就"暂且"买下不知道家里是否已经有存货的东
西。结果，要么回到家之后才发现已经有好多存
货，要么忘了购买必要的东西，要么东西买好了
却定不下来晚餐要吃什么。

当然，哪怕酱油囤了好几瓶，哪怕又要跑去
便利店购买忘记买了的东西，哪怕最后还是去了
家庭餐厅吃晚饭，这些都不是什么大问题。但是，
如果换成是工作，会怎么样呢？我们一起回到前
面那个商谈会的例子。

如果没有逆算好时间，导致商谈会迟到，就
会损害客户对我们的信任。如果没有逆算好应该

做的事与必要的物品，就无法做好万全的准备，结果可能是必要物品有所欠缺或方案书等资料的质量下降。如果在商谈会临开始前发现缺少了必要物品，就不得不靠临时加班来补漏。

如果没有做好逆算，就会被时间与应做之事牵着鼻子走，忙乱成一团。自己的疏漏，如果自己一个人能弥补倒也罢了，一旦给上司和同事也添了麻烦，就会降低自己在公司的信誉度。

与为晚饭制作购物清单的例子相比，工作上遭受的损失自然是大了不少，不过还有挽回的机会，从你的整个人生来看，这也算不上是什么大问题。可是，人生无法重来，如果总是重复"暂且"与"好像"，总是被周围人的意见所左右，等到生命即将结束之时，恐怕你将追悔莫及。

如果我们能面朝未来，坚持"想成为这样""能这样就好了"的信念，我们就能拥有充实、不留遗憾的人生。

03 逆算使人心境平和的三个原因

没有做好逆算，不但费工夫、容易产生遗漏，还会被时间与应做之事牵着鼻子走，忙乱成一团。反过来，如果做好了逆算，我们就能游刃有余。即使遇到犹豫不决的时刻，只要清楚自己的目标所向，我们就能做出当时的最佳选择，不会留有遗憾。

逆算是实现目标的手段，但它的功能并不仅限于此。它还能让我们心境平和、轻松愉快地度过生活中的每一天，能让我们心中对未来的茫然不安与莫名的不满烟消云散。

目标明朗，心灵便得以安放

未来的不可知会令人感到不安，一旦目标明朗，心灵便得以安放。

如果我们蒙着眼睛，即便是在自家附近行走也会感到心慌。我们会小心翼翼地、一步一步地摸索着前行，以免撞到别人或电线杆。即便我们竖着耳朵听是不是有汽车来了，也无法消解我们内心的不安。前方的路是否可见，差别巨大。

以终为始，从未来开始逆算，前方的路便能清晰可见，我们才能安心往前走。

明确当下该做之事，便不会焦虑

如果该做之事与想做之事太多，头脑和心灵都得不到梳理，焦虑情绪就会越来越严重。

比如，在准备出游行李的时候，如果胡乱地把各种东西都往箱子里塞，肯定是行不通的。

我们需要判断这些东西是否真的需要，然后将要携带的物品按配饰、内衣、外衣、充电器等进行分类。为了方便使用，可以把洗漱用品统一放在一个化妆包里，飞机上要使用的拖鞋等物品可以另外归为一类。

这样整理好后，在收纳方法上再动点脑筋，就能把物品都装进箱子里了。因为自己清楚地知道什么东西放在哪里，所以想找东西的时候就不会发愁了。把马上要用到的东西放在容易拿取的地方，我们就不会因为找不到要用的东西而惊慌失措。物品的整理如此，要做之事也是如此。如果能将要做之事整理好，我们就不会手忙脚乱了。所谓逆算，就是梳理要做之事。

认清什么对自己最重要，便不会动摇

如果我们不知道对自己而言什么东西是必要的，什么事是重要的，那么我们也同样搞不清楚什么东西是不需要的，什么事是不重要的。

你是否在抽屉里塞满了纸袋或塑料袋？是否

在衣橱里放满了很久没穿，今后也几乎不会再穿
的衣服？"先放着，说不定能派上用场""说不定
什么时候就有用了""还能用"，你是不是也这样
想，所以存了很多不需要的东西呢？

如果无法判断什么对自己是重要的，我们的
生活就会被"有比较好""做了比较好""知道一下
比较好""能学会比较好"等不需要的东西占据。

造成这种情况的原因，是我们没有一个是否
需要、对自己而言是否重要的判断标准。只要目
标明确，判断标准就会明晰。面对不需要的东西，
我们就能坚定地说"不"。

04 束缚你的三条咒语

让我们开始立足于未来的逆算。

我们将在第 2 章中介绍如何将未来具体化，
在第 3 章中介绍如何立足未来用逆算法制订计划。

在那之前，我们需要先解除许多人脑海里存在的三个误区。这三个误区就像咒语，束缚了你的人生。

梦想必须远大而崇高

当别人问你"你的梦想是什么"时，你能不假思索地做出回答吗？

如果你是小孩子，可能会回答"蛋糕师""学校老师"等将来想从事的职业。但身为成年人，你的梦想应该有所不同。

你的梦想可能很平常，比如"我想再瘦5公斤，能穿上那条连衣裙""希望自己能写一手好字""我想要一个家用烤箱"等。此外，也有挑战型的梦想，比如"我想试试攀岩""我想考金融规划师资格证""我想一个人去海外旅行"等。还有"坚持早起，悠闲地度过早晨的时光""希望成为一个既能尊重别人的想法，又能表达自我主张的人""学会珍惜日常的每一个瞬间"等梦想。这样的梦想，想必更接近你的真实心声吧。

这些梦想并不远大崇高，也不具备深远的社会意义，但只要是你真心诚意想做之事，对你而言，这些梦想就是美好的。

制订了计划就要原封不动地执行

有人会担心"无法按计划执行怎么办"，这种担心是多余的。因为制订计划的目的，并不是为了原封不动地执行计划。制订计划，是为了规划出一条实现未来的路径，克服事先能够预测的困难，尽可能顺利地达成目标。

在第 3 章中我还会提到，计划是经常需要根据情况变化加以升级的东西。如果一件事能够完全按照最初制订的计划进行，那可能是因为我们只做了轻而易举的事。如果要挑战未知的新事物，一般是无法完全按照计划执行的。

如果我们发现了更好的办法，就无须拘泥于最初的计划。计划会不断变更。重要的不是原封不动地执行计划，而是实现人生愿景。

目标必须要达成

有的人很讨厌设定目标，原因是"如果目标无法达成，会讨厌自己"。设定的目标必须要达成，这个执念太深了。这些人的想法是，如果目标无法达成，自尊心就会受挫，为了避免这种情况发生，就干脆不设定目标。也有人把目标设定得比较低，其实那并不是他们真正的目标，他们之所以设定这样的目标，是因为"这样的目标可以达成"。

目标是我们实现最终梦想的路标。路标可以确保我们走在正确的道路上。我们在不断修改计划的同时，也应该适时调整目标。请丢掉"设定的目标必须要达成"的执念。实现最终目的，远比达成设定的目标更为重要。

例如，你为了通过考试而学习。一种情形是，你设定了"今天要学这些内容"的目标并且顺利达成了，但你最终考试失利了。另一种情形是，虽然有时你达成不了设定的目标，但最终成功通过了考试。这两种情形，你觉得哪个更好呢？当然是后者更好。

那么，是不是不需要设定每天的目标，只需要关注结果呢？那倒也不是。有了目标，才能更好地把控进度。是进展顺利，还是有所落后？如果进度落后，可以重新制订计划、设定目标，调整好后，就能迎头赶上。

有了目标，我们就可以确保自己正朝着目标前进，进度如何，还差多少。这就是"确保我们走在正确的道路上"的含义。

如果你仍对设定目标存在抵抗情绪，也不用担心，我将在第3章中分享设定"不痛苦目标"的两个秘诀。

逆算思维

如果不知道自己的目标是什么……

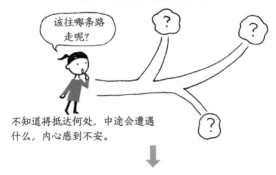

该往哪条路走呢？

不知道将抵达何处，中途会遭遇什么，内心感到不安。

朝着"多么希望是这样"的未来前行。

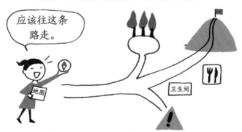

应该往这条路走。

地图

卫生间

大致能预测到一路上什么地方会有什么，令人感到安心。

学会逆算，就像获得了地图和指南针。

第 **2** 章

愿景

把未来具体化

01 想象三种未来

在这一章，我们会帮助你把虚无缥缈的梦想一步一步地具体化。最后，我们会把它归结为人生愿景。所谓人生愿景，是指令你感到振奋的未来。它并非仅仅指工作或个人生活等人生的一部分，而是关系到整个人生。

因为我们平时不太会思考自己的未来，况且还是人生这样一个宏大的主题，所以，我们先做个热身运动——想象出三种未来。从熟悉的主题出发，思考未来。请设想三个人生剧本。

现实的未来："按现状推测，应该会变成这样"，可见的未来。

悲观的未来："如果变成这样，该怎么办"，忧郁的未来。

乐观的未来："如果变成这样，一定很开心"，快乐的未来。

我们要思考的主题，既可以是工作、健康、财富等稍大的主题，也可以是要不要结婚、体重增减或外貌等具体的主题。就你现在关心的事项，请设想出三种类型的未来。这是思考未来的练习，请不要让想法只停留在脑海里，字迹潦草无所谓，一定要落实到笔端。

把想法写到纸上后，你就能清晰地"看见"自己的三种未来了。如果想法只停留在脑海里，你就无法"亲眼看见"自己的未来。看得见与看不见，两者差别巨大。请你回想一下前面举过的蒙着眼睛在外面行走的例子。我要再啰唆一句，白纸黑字写出来，真的很重要。

接着，你要选择未来。你会选择哪种未来呢？请从摆在你眼前的三种未来中，选出一种你喜欢的。

没有正确答案。三种未来任由你选择。你

可以选择自己喜欢的。为什么呢？因为谁也不知道未来会怎么样。因为不知道，所以不存在正确与错误的答案之分。未来，是由我们自己决定的。我们自己决定"要这样做""要变成这样"。

我们的日常生活就是各种小选择的累积，这些选择的结果构建出了我们的未来。

在《心甘情愿被武田双云骗》[一]一书中，作者介绍了几个有趣的数字。假设你"每天要从 2 个选项中选取 1 个"，那么一天就有 2 种选择，两天就有 4 种选择，三天就有 8 种选择……一个月就有超过 10 亿种选择。换句话说，一个月就能有不止 10 亿种不同的活法。

[一] 《心甘情愿被武田双云骗》一书的日文书名为《武田双雲にダマされろ》，是日本知名书法家武田双云的著作，2010 年 4 月在日本主妇之友社出版。书中介绍了作者实现幸福人生的 77 种方法。暂无中译本。——译者注

可是在现实生活中，我们每天的选择远远不止 2 种。早晨醒来，是马上起床，还是赖床再睡个回笼觉？要不要吃早餐？吃什么？穿什么衣服出门？绿灯闪了，是冲过去还是等下一个绿灯？马上回复邮件还是稍后再说？这样想来，选择是无穷无尽的。

短短一天之内，我们就从好几亿个可能的未来之中，"自主地"选择了一个未来。未来由自己决定，就是这个意思。刚才只是让你从三种未来当中选择一种，其实，你可以从浩如繁星的未来之中选择你喜欢的那一个。

热身运动到此结束。来吧，去创造令你振奋的未来！

02 写出 100 个心愿

接下来，我们要写出 100 个心愿。

"100个，这么多怎么写得出来！"在我举办的研讨会上，有很多人一开始就产生了畏难情绪，这样抱怨道。可是，有趣的是，写着写着就不断有人说："100个根本不够写！"当我们还不习惯做一件事的时候，我们通常会感觉做这件事很难，这与学骑自行车是一个道理，一旦学会，就能轻松快速地往前推进了。

写出 100 个心愿，是为了使隐藏在心底的真实想法显露出来。刚开始想到的 10 个或 20 个心愿，是我们平时就在思考的事，也就是处于意识表层的事。当我们挖空心思、绞尽脑汁地想写够 100 个心愿时，隐藏在意识深处的心愿就会浮现出来。在写的过程中，往往能发现意想不到的自己，所以希望你能享受这个有挑战性的过程。

最后，我们来规划人生愿景。至此，我们第 2 章把未来具体化的整体流程就形成了（见图 2-1）。

❶ 思考3种未来。

> 1. 现实的未来
>
> 2. 悲观的未来
>
> 3. 乐观的未来

热身运动：思考自己的未来。
想一想你会选择什么样的
未来。

❷ 写出100个心愿。

书写100个心愿，使你
内心的真实想法显露出来，
而非场面话。

❸ 把令你振奋的未来整理成"人生愿景图"。

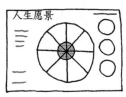

把"多么希望是这样"的
未来愿景分为八类，以此
梳理自己的头脑和心灵。

图 2-1　第 2 章的流程

　　规划人生愿景分为两步：第一步，用语言表述；第二步，视觉化表达。我们把在书写 100 个心愿的过程中发现的真实想法分为八类。这就类似于对出游行李进行分类打包。语言和视觉手段能使你的心愿具体化。

　　先从打草稿开始。请准备好一张写着数字 1 ～ 100 的纸。你也可以在笔记本里写上数字 1 ～ 100。先设定好目标（写出 100 个心愿），请一开始就把数字写好，这样一来，你就能清楚地了解进度如何，还剩多少没写。

　　你可以写自己想尝试做的事、想要的东西、想成为的样子。无论大事、小事，大胆的事还是无聊的事，细水长流慢慢做的事还是马上就想实现的事，统统都可以写，按它们在脑海里浮现的先后顺序写。

　　给心愿分类的工作放到后面再做，现在写就可以了。现阶段写得再凌乱也无所谓。不断写出你的内心所感，不用一一判断什么"不可能实现""这样的事写出来很不好意思"等，不要去想这些无谓的事。

但有一点需要注意，不要只罗列词，而要写出完整的句子。比如，不要只写"包包"，而要写成"找到喜欢的包包""想要……的包包""亲手制作包包""把闲置的包包拿去卖""想做一个包包专用置物架"等完整的句子。如果只写一个词，我们便无法得知具体的心愿是什么，换成句子就很明了。

坦诚地写出心中所想

句末要使用自然的表达方式。使用你自然而然想到的表述即可，比如"要做""想做""如果能实现就好了"等，不需要转换成"做到了""做完了""正在变成"等表示进行时或完成时的表达方式。

现在正在写的这份心愿单，并不是为了改变你的潜意识，而是为了把你的真实想法从潜意识中引导出来。因此，请不要写哪怕存在丝毫谎言的话。请你坦诚地写出心中的真实想法。

在你适应这项任务之前，可能要费九牛二虎之力才能写出 10 个心愿。如果你经常说场面话或过于在意别人的看法，感受自己真实心声的传感器就会变得迟钝。或许你已经不知道自己想做什么，做什么能让自己感到开心，自己想变成什么样子。此时不必着急，你就多花点时间慢慢写（见图 2-2）。

图 2-2　写出 100 个心愿

只不过是传感器迟钝了一点而已。当你不断用它的时候，它就会重新恢复敏感度，让你感知到自己喜欢的事物和能让自己开心的事物。

如果你已经适应了这项任务，就可以设定一个填写时间。比如，你可以设定去咖啡馆花30分钟写够100个心愿。我建议你把时间设定得稍微短一些。一想到要在有限的时间内把所有空栏都填满，我们就没有工夫胡思乱想了。这样更有助于引导出我们的真实想法。不要在意前后重复，也不要在意字迹潦草。等到全部填好，真实想法都流露出来之后，再去慢慢整理。

写出100个心愿之后，至少放一晚，可以的话一周后再拿出来看。哪怕只放置了很短的时间，人的想法也会发生变化。如果写的时候觉得很想去做，再看的时候已经失去了兴趣，就把它删掉。此外，"总觉得不对劲"等让你感到别扭的心愿也可以删去。当然，你可以把最新想到的心愿添加进去。就像水去除杂质后可以变得透明一样，重复几次这个删减或添加的操作后，你真正的心愿将会变得更加清晰。

心愿变得清晰起来之后，就开始将其正式誊写到手账或笔记本上。你可以直接照着底稿誊写，也可以分门别类地写。如果你比较在意句末表达，也可以把它转换成"做到了""做完了""正在变成"等进行时或完成时的表达方式。我自己保持着使用"要做""想做""如果能实现就好了"等自然的表达方式。刚开始只是想着"如果能实现就好了"，愿望并没有那么强烈，可有时到了第二年，斗志高涨，语气也会变成坚定的"我要做"。我希望你能记录下这种心境的变化轨迹。

不同类别的心愿，可以使用不同颜色的笔写，或加个标题，也可以用贴纸装饰一下你的心愿单，回看的时候心情一定会非常美好。

⟳03 将负面的心愿升级为正面的心愿

制作好的心愿单上应该写满了令人振奋的心愿，但有时也会听到有些人说"没什么振奋的感觉"。我看了一下他们的手账，的确没什么令人开心的心愿。为什么他们的心愿无法令人振奋呢？这有两个原因。

原因1：从负数变为零，无法令人振奋。

原因2：维持现状而已，无法令人振奋。

假如现状无法令人开心，也就是处于负面状态之时，人们自然就会想到去缓解或消除这种状态。这只不过是从负数到零的变化。比如"实现零加班"和"减少夫妻吵架"，即使这是真实的想法，也无法令人振奋。

还有一种情况，就是维持现状。比如，"（像现在这样）保持健康"的心愿。这也一样，即使是真实的想法，也谈不上是振奋人心的未来。因为它只是否定了"不想生病"这种负面状态而已。维持现状的心愿，就是把这样下去会变为负面的状态扳回为零，不断重复这个过程而已。随着年龄的增长，人的体力会衰退，身体会出现不适，所以想要极力避免出现这些状况（对负面的否定）。

以上两个原因有一个相通之处，即人们都很在意负面状态。如果一直想着负面状态，自然开心不起来。

令人振奋的心愿是正面的，而不是负面的。对现状感到不满时，请你思考一下，当不满得到消解之后，你还想做什么，希望变成什么样的人？比如，加班时间减少后，自由时间就会增加，这时你想做什么？"加班时间减少后，我想学习花艺"，就像这样，你是不是就能看到美好的未来了呢？

如果你对现状感到满意，那就期待更美好的未来。如果你很健康，那么学会做什么事能使你感到更开心呢？"希望能一直保持健康，到了70岁还能踩着高跟鞋，步伐潇洒地走在街头"，看到这样的自己，你不会感到振奋吗？

把自己的意识转向正面，而不是负面，这样我们就能看见振奋人心的未来（见图2-3）。

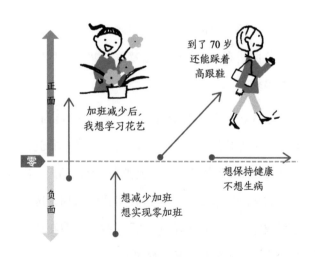

图 2-3　令人振奋的事是正面的

把意识集中在未来，而不是过去

让我们把意识集中在未来，而非过去。比如，"想让体重回到 20 岁"的心愿，意识就是在指向过去。想象自己回到过去的样子，的确会令人感到振奋，但事实上我们已经回不去了。即使体重的数字与过去一样，身体也依然不同。"回到 20 岁时的体重"，你脑海中或许想象着与过去完全一样的身体，但其实我们的体形与皮肤的弹性都不可同日而语了。所以，我们不要再把意识集中在过去，而应该集中在未来。不要紧紧抓住过往不放，我们应该去创造一个全新的未来。

请你想象一下"做人生中最好的自己"和"发现未知的自己"。为什么呢？因为"已经知道的事"无法令人振奋，而初次体验的事，不论多么小，都能令人振奋、激动。

小时候令人振奋、激动的事之所以多，就是

因为那个时候新的体验非常丰富，所有的事都经历了从不会到会、从会到更好的过程。即使长大成人，年龄渐长，"做人生中最好的自己"或"发现未知的自己"的心愿也可以实现。

04 大胆想象令你振奋的未来

想象着正面的未来，你已经振奋起来了吧。

或许，在你感到振奋的同时，也产生了一种"这样的心愿无法实现吧"的不安情绪。即使感到不安，也请你暂时不要踩刹车。

实现一个中规中矩、无法令人感到振奋的未来，与实现一个虽然不知道能否达成却令人感到振奋的未来，你觉得哪个更好呢？

你觉得现在的你不可能做得到，只是现在的

你还没掌握方法，经验或知识还不够，必要条件还不具备罢了。请你回想一下，有没有你 5 年前做不到，而现在能做到的事？

无论什么事都可以，比如，5 年前的我不敢在众人面前说话，哪怕是简单的自我介绍，我也会紧张得大脑一片空白，只能勉强说出自己的名字。但现在，哪怕演讲会上一个熟人也没有，我也能毫不紧张地侃侃而谈。这是我接受了发声训练，在演示汇报课上勤加练习并不断积累研修培训经验的结果。就算你对 5 年前的我说"你总有一天可以自信大方地在很多人面前说话"，那时的我也绝不会相信。

你应该也有以前做不到，但现在能做到的事情。哪怕现在你觉得不可能做得到，但 5 年后、10 年后的你，很可能轻而易举地就能做到。如果还没有尝试就放弃这种可能性，实在太可惜了。"现在的我确实做不到，但如果有一天能做

到了，那该有多开心啊！"请你一定要珍惜这样
的想法。

怎么做才能实现心愿呢？这是第3章中要分
享的内容。现在，请你集中注意力去挖掘自己真
实而非伪装的心愿。

真实的心愿依稀可见后，就要开始对其进行
打磨。我们要把它们浓缩到一页纸上。之前的工
作相当于挑选出游要带的物品，接下来的工作，
类似于把物品分好类后，合理地装入旅行箱。携
带的物品不多，但必备物品一应俱全。请你想象
一下这样的出游准备。

把"想要这样""如果这样就好了"的未来浓
缩在一页纸上，仅仅这么做，梦想实现的可能性
就会增大，梦想就能早日实现。

想想拼图游戏，你应该就能很好地理解这一
点了。打乱的单片堆积如山，这时，看着成品图

拼，与不知道完成后是什么模样只能盲目地拼，你觉得哪个更好？看着成品图拼，当然要快得多。同样一副拼图，有没有成品图，拼起来的难度大不一样。没有愿景的人，就像没有人生的成品图一样。

要想实现梦想，就要把梦想实现时的样子鲜明地呈现在眼前，这样更有利于实现它。

人生愿景的制定方法

下面请根据想做之事的清单内容制定人生愿景。

把人生愿景这个大圆圈分成左右两侧（见图 2-4）。右侧是公共生活（社会性事务），左侧是私人生活（个人事务）。每侧的下半部分是基础，上半部分是活动。

人生愿景整体上可分为以下八个组成部分。

逆算 以终为始的
手账 圆梦计划

1 价值观评定

在你的生命中，你珍视的东西是什么？

请从关键词一栏中进行选择。如果关键词栏中没有，请将其填写在"其他"栏中。

2 描绘一下振奋人心的愿景。贴照片或手绘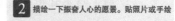

价值观评定

在你的生命中，你珍视的东西是什么？
请在以下表示价值观的关键词中做出选择并把你选择的词圈起来。

自由　激动　信任　激情
坦诚　诚实　和谐　同理心
温柔　幽默　好奇心
挑战　乐观
领导力　自我主张
富裕　爱　坦率　贡献
努力　活跃　自信　稳定
健康　平衡　支持
美丽　闪耀　简单
创造性　正义　主动
其他

我想不断挑战让别人震惊的事情。以最年长女性的身份跑完撒哈拉马拉松（250千米），还要挑战1000千米的超长马拉松，去太空旅行。

不畏惧初次挑战新事物。会不会，做了才知道！不断打磨能够感动人的写作技巧和讲话技巧。

乐趣
学习成长
生活方式
健康

保持无论何时何地，无论做什么都是自由的状态。想住在像美术馆一样雅致整洁的房子里。

精神百倍地活到120岁。提升体力，100岁时还能跑完100千米。

在你选取的关键词中，你最珍视的是什么？

选择前三名，并写下它们对自己的意义。

你可以给出自己的定义，这样你所珍视的东西便能更明了了。

我的前三名

从你圈出来的关键词中选出前三名，加以具体说明。

1. 自由
不受时间、地点、财富的约束，随心所欲地生活。

2. 贡献
帮助别人、让别人快乐，是最令我开心的事。

3. 刺激
我希望永远怀着振奋、激动的心情。

◆ **八个部分的含义**

自己的幸福与他人的幸福都重要。让我们把幸福最大化，让人生充实而丰盈。

Private（个人事务）　Public（社会性事务）

Activity（活动）
Base（基础）

图 2-4-1　人生愿景图

能让你的愿景和理想更丰满。

想让世界上
的每个人都快乐。
为了让每一天都振奋
人心，我要找到
具体的方法、　　　作为作家和
工具和场所。　　　演讲家，我希望
　　　　　　　　　自己能活跃在世界各
　　　　　　　　　地，而不仅仅是日本。我
　　　　　　　　要开发简单的方法和好用的
　　　　　　　工具，让每个人都能轻松运
终生　　　　　用，构建能够互相支持梦想的
事业　　　　　交友机制。
　　　工作
　　　财富
　　人际
　关系
希望我
身边的人　　无论在工作上还是在个人
永远笑容满面、　生活上，都要具备投资
开开心心。成为　意识，让钱生钱。为了让
善于发现别人优点　自己更快乐而花钱。
的人。　　　　　想成为纳税大户。

3 满意度评定

满意度如何？

分别对八个部分进行评定。

满意度评定！

在图表里填写你对各个部分
的满意度。

采用 10 级制作为评定标准，你
的满意度可以对比一下手账
使用初期。看看年中以及年
末的满意度发生了什么变化。

评价日　　2017 年 10 月 1 日

**制定愿景时的满意度
如何？**

采用 10 级制评定，看看
各个部分的均衡度如何。

**半年后
想成为什么样的人？**

先把框架图画好，实际情
况如何，半年后再评定。

**一年后
想成为什么样的人？**

先把框架图画好，实际情
况如何，一年后再评定。

从未来的满意度开始逆算，
思考一下需要做些什么。

乐趣 ＝
能让自己
幸福的事

终生事业 ＝
能让其他
人幸福
的事

人生愿景是你人生的北极星。

养成每天重温愿景的好习惯，实现梦想的概
率就能大大提升。制定一张令你快乐的人
生愿景图，看一眼就能令自己振奋，让自己不
由自主地微笑起来。提不起干劲或者优豫不
决的时候，就回顾一下自己的人生愿景。

图 2-4-2　人生愿景图

公共生活（社会性事务）

- 终生事业……能够激情满怀地投入其中，给别人带来幸福的事是什么？

- 工作………做什么样的事情能造福社会？

- 财富………你想怎样使用财富？

- 人际关系……你想与什么样的人交往？

私人生活（个人事务）

- 乐趣………能让你着迷、让你感到幸福的事情是什么？

- 学习成长……今后想学点什么？想掌握什么技能？想成为什么样的人？

- 生活方式……你想住在什么样的地方，过什么样的生活？

- 健康………你学会了做什么事？未来的你是什么样子？

　　你可以一边参考上面的各类问题，一边填写人生愿景图的八个部分。建议你从心愿单的 100 个心愿中挑选出"一定要实现"的心愿，然后将其分别填写到八个部分中去。你可以直接抄写原文，或使用更抽象的表述。有时愿景图的各部分能够填写得比较均衡，有时有些部分可能会填写不满，空出一大片。有些部分比较好写，有些部分则会让人大伤脑筋——我们平常一直关注的部分相对好写，没怎么关注过的部分就比较难写。不需要逼迫自己去填满。可以让它空着，放置一段时间。我们的大脑会想方设法填补空白，自然而然地思考这些内容。

05 提升未来鲜明度的两个方法

填写好人生愿景图的八个部分后，你的未来蓝图应该变得相当清晰了。对于依然比较模糊的地方，你可以用以下两个方法提升其鲜明度。

方法 1：不要使用词语，而要使用句子进行表达，并且尽量让别人也能看得懂。

前面我们举过包包的例子，如果使用词语表达，别人就无法明白你到底想干什么。是想买包包，还是想手工制作包包，或者是想做一个能摆放心仪包包的专用置物架？不得而知。

使用句子进行表达，能够在一定程度上使愿景具体化。不过，如果只说"想买个包包"，别人就不明白到底想要什么样的包包。是平时购物时使用的帆布手提包，是工作上使用的能装 A4 文档的商务公文包，还是出门游玩时使用的时尚手提包？有没有指定的品牌、颜色、设计或材质，还是什么都可以？

如果一开始说"什么都可以"，等拿到包包后才说"我其实想要黑色的，而不是红色"，那就太晚了。如果想要得到自己期望的东西，我们就应该使用更详细的、别人也能看明白的表述。

方法 2：贴一张与设想完全契合的照片。

只用语言表述也可以，但加入视觉辅助工具能让你的未来设想变得更为鲜明。

就包包这个例子而言，在语言表述的基础上手绘一张图或贴一张照片，能让你的想法更具体、鲜明。

再举一个例子。假设我们要找与"一年中的一半时间想在夏威夷生活"这一梦想完美契合的照片。能够象征夏威夷生活的照片因人而异，对于想要每天享受冲浪乐趣的人来说，大海或冲浪

的照片再合适不过了。而流连于美食的人，大概
会联想到海鲜色拉盖浇饭或夏威夷米饭式汉堡[○]
等夏威夷特色美食。

或许也有人想粘贴一张在公园里柔美地跳着
草裙舞的照片。在你寻找契合自己设想的照片的
过程中，你的愿景会变得具体起来。你可以自由
地选择照片，但我并不建议你选择自己过去拍摄
的照片，而会建议你选择从未见过的、有新鲜感
的照片，因为人生愿景中描绘的是未来，而不是
过去。

你也可以从杂志或旅行指南上寻找照片，不
过这些照片的尺寸无法更改，用起来有点麻烦。
在网上使用图片检索功能更容易找到合适的照片，
你还可以根据粘贴处的大小，在打印时调整照片
的尺寸。

○ 夏威夷米饭式汉堡（Locomoco），夏威夷最具代表
性的传统美食之一，即将大块的汉堡肉饼和煎蛋盖
在米饭上，再浇上卤汁。——译者注

完成人生愿景的制定后，你之前虚无缥缈的愿望就会变得更具体。你可能会意外地发现"我原来还有过这种想法啊"。我们都以为自己很了解自己，其实不然。就像只能从镜子里"看见"自己的样子一样，只有把心愿写到纸上后，我们才能"看见"自己脑海里和内心里的想法。

愿景就像人生的北极星 指明了前行的方向

选择有无限多，我们可以自由地选择未来。

哪边？

答案无所谓
正确或错误。

这边！

倾听自己内心真实的声音，
选择理想的未来即可。

找到属于自己的"北极星"，就不会
迷失前行的方向。

第 **3** 章

计划
从未来开始逆算

本书的精华从这里正式开启。我们将以振奋
人心的未来为起点，使用逆算法制订计划。在本
章里，我将分享两部分内容：一是计划的制订方
法，二是提高梦想实现概率的秘诀——项目化。
这两部分听起来似乎都有点难，但只要明白了具
体操作方法，你就会发现它们一点也不难。我们
会逐一对它们进行介绍。

01 如何制订计划

在介绍详细内容之前，我们先来回顾一下为
什么要制订计划。制订计划，是为了规划出一条
实现梦想的路径，克服事前能够预测的困难，尽
可能顺利地达成目标。

怎样才能抵达目的地呢？要让前方的道路清
晰可见。不要等到开始执行计划后再说"果然还
是不行"，而要在执行之前找出"这样下去肯定不

行"的部分并想好对策。

即便如此，在执行阶段也总会出现意外，外部条件与环境也在不断变化。在初期计划的基础上不断摸索更好的方法，才能把理想的未来变成现实。

制订计划的目的：
- 规划实现梦想的路径
- 规避事前能够预测的问题
- 从多个方案中选出最好的一个

人生愿景制定好后，我们的目标变得更明确，也知道了前行的方向。哪怕只是知道了方向，也有助于我们接近梦想。

那么，是不是不需要计划了呢？那倒不是。如果没有计划，我们就会多做许多无用功，需要付出更多的时间和努力。

"此路不通""前方拥堵""前方危险"，如果事先得知了这些信息，我们就可以绕道而行。假如没有计划，我们走到死胡同里才会发现此路不通，最后不得不折回，或遇上拥堵导致心情焦躁烦闷，或被卷入原本可以避免的纠纷里。为了尽可能顺利地实现梦想，事先制订计划是明智之举。

此外，我们还要明确制订计划的两条基本原则。

原则1：不要想着制订完美的计划

其实本来就不存在完美的计划。计划执行过程中会出现意外，前提条件或执行环境等状况也在时刻发生变化。即使制订的时候觉得计划很完美，一旦条件或环境发生了变化，也必须对计划做出相应的更改。因此，我们需要制订便于更改的、灵活的计划。

原则2：从整体入手，逐步细化

这与画画的顺序一样。画画的时候，不要一

开始就想着把线条画准确，而应该先画外轮廓线再慢慢描绘细节。制订计划也一样，一开始就想要制订详细的计划，往往行不通。先确定框架，再逐步添加细节。

制订计划的基本原则

原则 1：不要想着制订完美的计划

× 完美的计划

〇灵活的计划

原则 2：要从整体入手，逐步细化

× 细节→整体

〇整体→细节

02 人生逆算表的制作方法

我们要以人生愿景图为基础来制订计划。基本的计划表有五种类型，如图 3-1 所示。

假如要去环球旅行，只有一张世界地图是不

够的。要拥有多张不同比例尺的地图，这样才更方便。比如，欧洲地图、法国地图、巴黎地图、酒店周边地图等。同理，计划表也要从整个人生开始考虑，再细化到"今天该做什么事才能离梦想更近一步"，就像把一个完整的拼图成品拆分成一块块单片一样。

手账里只写着月计划或更细致的安排，就好比手中只有城市与自己家或公司附近的地图。换句话说，就像不知道整个世界是什么样子，只生活在自己身边这个狭小的范围里一样。

下面让我们从整个人生着眼，再逐步将计划细化，逆算出今天的安排。

人生逆算表的制作方法

我们要用人生逆算表来制定整个人生的大体规划。

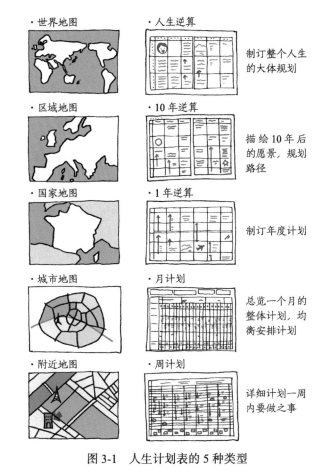

图 3-1 人生计划表的 5 种类型

前面介绍的人生愿景图中没有时间轴。在人生逆算表中，我们使用三个时间轴来梳理心愿的实现时间（见图3-2）。

先把想要尽快实现的心愿填入"1年之内想实现的心愿"一栏中。不用马上实现，只希望在近几年内能实现的心愿，请填入"10年之内想实现的心愿"一栏中。晚一点无所谓，希望能在有生之年实现的心愿，请填入"有生之年想实现的心愿"一栏中。

可以在表格的第一行填写自己觉得重要的主题，这些主题就好比"人生的支柱"。

人生愿景图 vs. 人生逆算表

我们把人生愿景图分成了八个部分，在这八个部分当中，你觉得重要的是哪个呢？采用10级制量表来评定每个部分的满意度，"人生的支柱"就显而易见了。目前的满意度较低，今后想要提高的是哪个呢？

人生愿景中所写的心愿需要在什么时候实现呢？来做个分析，在表中填上你完成重要的主题。

人的一生极其短暂，应该做自己喜欢的事。在短暂的人生中做自己不喜欢的事，无疑是愚蠢的。
——山本常朝

人生逆算	①方法	②工具	③社群		马拉松	挑战
有生之年想实现的心愿	成为世界知名的畅销书作家，带给人以积极影响	使简洁有效的方法在世界上得到普及	成员中成功做出社会贡献的人）事业出		成为能够跑完撒哈拉沙漠马拉松的最年长女性，创造世界纪录	在月球上欢度晚年（101～123岁）
10年之内实现的心愿	著作超过20本，在国外也能成为畅销书，作品在国内成为畅销书	使逆算手账能成为经典手账，在国内外也得到广泛认可，手账得到推广、使用	成员超过1万人 人生最重要的，是知道自己想做什么。——托夫·扬森		跑完1000千米，成为所处年龄段的马拉松冠军，日常能跑40～50千米	登顶乞力马扎罗山，去南极拍摄企鹅，细细欣赏布拉格城堡，在卡帕多西亚坐热气球
1年之内想实现的心愿	将逆算方法升级成更加简易懂的体系，出版第四本书	发售使用起来更加得心应手的升级版逆算手账，让更多的人认识逆算手账	成立运营组织，设达活动据点		跑完100千米，每周跑一次跑20千米，绕着山手线跑三圈	挑战跳伞，定制逆算表裙，参加演讲培训

图 3-2　人生逆算表的填写实例。选择你人生中的重要主题，使用三个时间轴对其进行梳理。

注：制作一张人生整体框架的计划表。

　　如果现状与未来的差距很大，就意味着有必要采取相应的措施。换句话说，需要一个能把理想变成现实的计划。例如，如果你觉得工作很重要，那就需要规划职业生涯或制订商业计划。以我自己为例，我最想做的是终生事业的相关内容，现在我已经把它变成了商业项目，即让终生事业与工作合二为一。具体而言，为了让快乐的人越来越多，我会提供方法、工具和场所（社群）。我把它们设定为"终生事业＋工作"的三大支柱并制订了计划。

　　回过头来，再看一看自己的人生愿景。你认为人生中重要的是什么？什么事情需要制订计划？

　　主题的设定并没有明确的规定，但是我建议在人生愿景图的右侧和左侧，即公共生活（社会性事务）与私人生活（个人事务）之中，至少各选择一个。人是社会性动物，只为自己而活是不合理的。不过，凡事都优先考虑别人，人生也会失衡。在追求自己的幸福的同时也考虑别人的幸福，并使两者的幸福最大化，这样的人生才能充实而丰盈。

与制定人生愿景图一样，在填写人生逆算表时，如果有填不满的部分，就让它空着。平时随身携带手账或笔记本，有事没事拿出来看看，说不定就能闪现出灵光。我还建议在空白处贴上有助于激发想象力的照片。

其他计划表也是同样的道理，并不是制作一次便一劳永逸了。随着我们不断成长，愿景和计划也会不断进化。不要妄想一次就制订出完美的计划。请你回想一下制订计划的基本原则。我们要制订的不是完美的计划，而是灵活的计划。尤其是人生的整体规划，不需要具体到细节，只要确定框架就够了。

03 10 年逆算表的制作方法

　　一个久违的朋友说："我好想减肥啊！"三年前，她应该也说过同样的话。还有另外一个朋友，每次见到我，都会看着我的牙齿说："我也好想矫正牙齿啊。"五年前说"想出书"的一个熟人，至今还没动笔，甚至连企划书都没做。到底什么时候，我们才会去做想做之事呢？

　　奇怪的是，拖延梦想的人能严格遵守工作的截止期限、做到答应别人的事。不得不做之事能做到不拖延，但自己想做之事却会拖延，这是什么缘故呢？

　　我的口头禅是"什么时候做"和"想在什么时候实现"。当别人说"我好想减肥"时，我就会追问："你想什么时候减下来？"当别人说"我想辞职做自由职业者"时，我就会追问道："什么时候？什么时候辞职？”

　　“什么时候”“到什么时候为止”这样的问题是启动逆算思维的开关。“夏天到来前想瘦下来”“明年的 3 月份想辞职”，就像这样，一旦自己为梦想设定了截止期限，我们就会开始思考“那么，该怎么办呢”等必要事项。

　　我们之所以会拖延梦想，是因为没有设定截止期限。有人讨厌设定截止期限，其实心愿的截止期限，就是自己的梦想得以实现的时候，完全没有必要去讨厌它。设定好心愿实现的截止期限，能启动我们的逆算思维。

10 年逆算表的制作方法

　　用人生逆算表制定好人生的整体框架后，我们接下来要使用 10 年逆算表来制定今后 10 年的愿景（见图 3-3）。

一旦意识到失败是无法避免的，内心就能变得轻松。——杰夫·贝佐斯（亚马逊创始人）

具体地描绘出10年后你想成为的样子，逆算、制订计划。在备注栏里写上家人的姓名，更有助于展开想象。

10年逆算	①方法	②工具	③社群		马拉松	挑战	备注
2028 ××岁	著作超过20本，在全国10个以上城市成为畅销书				跑完1000千米以上的马拉松比赛成为擅长跑马拉松的人		可以独自去海外旅行，感觉到地球很小的样子
2027 ××岁							
2026 ××岁		"逆算手账"认知度高，已经成为"经典手账"。在全国，"GYAKUSAN"（逆算）一词可以被理解	成员超过1万人，产生了很大影响		挑战意大利亚魔至里尔赛（11000米）的朝霞马拉松比赛		体验欧洲生活（3～6个月）
2025 ××岁		举办逆算手账10周年纪念活动					去北欧留学（体验寄宿生活）
2024 ××岁			一定能做到			以跑为乐	制作企鹅的写真集
2023 ××岁		大体完了	国外销售量总销售量的50%以上		每一天都是一个新的日子		
2022 ××岁	正式在国外出版	在国外设立公司	开始在国外组织机构		日常能跑20～30千米		去南极拍摄企鹅
2021 ××岁		凭借逆算手账让更多人变得幸福	成立举办国外的活动组织				在卡帕多西亚坐热气球、游览卡拉坐（住宿）
2020 ××岁		制作英文版逆算手账、制作样片测试英文版逆算手账	在所有都道府县举办逆算研究会		跑15～20千米是家常便饭		
2019 ××岁	将逆算系统化并将其写成一本书				养成在工作间隙陪跑步的习惯		攀顶乞力马扎罗山（也能看长须鲸）

图3-3 10年逆算表的填写实例

注：重要的是，要具体地描绘出10年后自己想成为的样子。详细填写完成备人心的10年的计划后，再开始逆算。

首先，就"10年之内想实现的心愿"，我们需要思考一下"该什么时候做"。在10年逆算表的竖列中，设定我们自己认为重要的主题。这些主题既可以和人生逆算表的主题完全相同，也可以不同。站在整个人生的角度思考的重要事项，与以10年为单位思考的重要事项，可能会有所不同。

其次，制订计划前，请先把自己的年龄写在"年份"的下方。虽然脑海中一清二楚，10年后的你已经比现在年长了10岁。但把年龄写出来让自己看见，能让我们更加真实地感受到变化。此外，也可以在备注栏等地方写上家人的年龄。

再次，这一步准备工作结束后，就开始具体填写最上方的空栏。所谓具体，指的是你所用的语言表述不但你能看懂，别人也能看明白。要让你的文字能像影像一样呈现出你10年后的样子。因此，我特意把10年后的空栏设计得比较大。

10年后的计划是否足够振奋人心，让人翘首以待呢？请你回想一下第2章的热身运动，设想出三种未来。你计划的未来，是不是可实现的未来呢？你计划的那个未来，能令你振奋吗？这种时候，你不必谨小慎微。那种毫无惊喜、四平八稳的未来，即便实现了，又有什么意义呢？

最后，我们要从10年后开始逆算，逐年写下要做之事。

如何想象自己10年后的样子

10年后，我们是什么样子，过着怎样的生活，与什么人一起从事着什么样的工作？我们的家人又在做什么？说实话，我们可能并没有认真地想过这些问题。别说10年后了，或许就连1年后的事，我们也没有认真地思考过。平时忙于应付当天要完成的任务，我们可能最多只会想到下一周的安排。正因如此，突然被人要求具体地想象10年后的样子，你会觉得无法想象，感到茫然。

通常，无法想象是因为必要的材料没有准备齐全，是因为信息不足。我们无法想象出自己完全没见过或没听过的东西。要想象未知的东西，就需要参照物。在你身边，有比你年长 10 岁的朋友或熟人吗？你是不是只与同龄人交往？

在想象 10 年后的自己时，有个很好的参照对象，那就是比自己大 10 岁的长辈。我们要尽可能地多参考一些长辈的例子，不要仅限于一两个人。我们可以从身边人中寻找参照对象，除此之外，也可以从电视、电影、杂志、漫画中寻找参照对象。

在第 5 章中，我会介绍 30 岁左右、40 岁左右以及 50 岁左右这三个年龄段的范例，供你参考。

要想象出振奋人心的 10 年后的样子，我们还需要具备一种思维方式——相信 10 年时间足以令我们成为某一领域的专家。而且，要相信哪怕你目前还没开始做，也能在 10 年后成为专家。要相信 10 年后，我们能胜任与现在毫不相关的工作。

你觉得 10 年时间长吗？你要是觉得它漫长得让你无法接受，那最好一开始就选择放弃。不过，如果你愿意花上 10 年时间去做一件事，那它就值得挑战。

10 年前，我曾在笔记本里写下这样一句话："在 2017 年到来之前，我要创立一种自我规划人生的方法。"我写这句话的时候，完全不知道它会是一种什么样的方法。但是 2016 年我开发了逆算手账，成立了新公司。而 2018 年的现在，我正在撰写这本推广逆算法的书。虽然存在小偏差，但笔记里的话基本实现了。所以，哪怕你现在做不到，10 年后你很可能就是行家。

接下来的 10 年，是放弃想做之事，还是勇敢地去挑战，这取决于你自己的选择。

制订计划时要抓住关键点

从整个人生来看，几年时间很短，有时可以忽略不计。当我们制订 10 年计划时，没有必要为琐碎小事而烦恼，重要的是能否抓住关键点。过于细致的计划会令人窒息。我再啰唆一遍，请不要想着制订一个完美的计划。

以制订旅行计划为例。你会把旅行计划制订得无比详细吗？还是会在没有决定好目的地，也没有做任何准备的情况下，来一场说走就走的旅行？旅行计划会因目的不同而有所差别，很多时候，我们只会对"必去之地"制订详细的计划。

如果是出国旅行，我们一般会事先预订机票和酒店。为了确保能赶上飞机，我们会算好从家出发的时间，规划好去机场的具体路线，还会设定好闹钟以免睡过头。我们会事先选好几个想去的景点，如果要去美术馆，我们就会查清楚休馆时间，如果有特别想看的热门歌剧，在出国前就要购好票。

我们应该不会以分钟为单位详细地安排行程。那样的旅程会令人窒息。在街头漫步时，我们可能会遇见心仪的咖啡馆或小店，也可能会热衷于选购纪念品。这时，如果发现"还有一分钟就要赶往下一个景点了"，我们就会手忙脚乱，原本舒适惬意的旅行便会成为负担。

为了实现梦想而制订的 10 年计划，应该也要留有空间和余地，把握住关键点即可。

破解"不懂"的三个方法

对于现在的你而言，10 年后的未来是个未知的世界。你知道这 10 年的道路上哪些是"关键点"吗？

有些事情，我们可以大致预测得到其关键点，对于第一次做的事，我们可能会束手无策。不过第一次做的事，不懂也无可厚非。但我们不能因为不懂、制订不出计划就止步不前。如果因为不懂就停止思考，我们就永远不会进步。那么不懂的时候，你会怎么办呢？

以刚才提到的旅行为例。假设我们是第一次去某个地方，对那里有什么观光景点，有什么美食等，均一无所知。此时，我们会因为不知道就不去了吗？应该不会。我们会想方设法搜集各种信息，比如翻看旅行指南或上网搜索，前往旅行社的门店咨询，向去过的人打听情况等。在此基础之上，我们再去思考哪些是关键点。

破解"不懂"的三个方法：
- 查找资料
- 请教他人
- 寻找有经验的人

制订旅行计划的时候，去旅行社的门店咨询

是一个有效的好办法，因为负责接待的工作人员
都是旅行爱好者，具有丰富的旅行知识和经验。[⊖]

不过，如果我们想去的地方比较小众，连旅
行社的工作人员都没有去过，那我们能获取的信
息就不太多。此时，我们最好能找到一个去过这
个地方的人，向其请教更为稳妥。

例如，我想"去南极拍摄企鹅"。我身边既
没有去过南极的人，也压根没有人想去南极。于
是，我把手账拿给很多人看，告诉别人"我想去
南极"。结果，我有幸遇见了一个人对我说："我
的朋友现在正在南极。他打算春天回国，到时候
大家一起吃个饭吧。"后来我们果真一起吃了饭，
我打听到了许多与南极和企鹅相关的事。

其实，实现梦想的方法也是同样的道理。当
你不知道该如何实现自己的心愿时，首先要做的

⊖ 在日本，旅行公司门店里负责接待的人多为旅行爱好
者，具有丰富且专业的旅行知识和经验。——译者注

就是查找资料。如果有可以请教的人，就去请教。尽可能找到有类似经验的人，向其打听。他的梦想与你的并不完全一致也无所谓，你可以找到实现了相似梦想的人。

假如你有幸找到了一位有经验的人，请事先制作好提问清单以表尊重。简洁明了地说明自己的心愿后，再向对方讨教想问的问题。我制作提问清单时，会把询问对方遭遇的挫折以及采取的应对措施也列入清单中。

请你回忆一下制订计划的目的。规避事先能够预测的问题，是制订计划的目的之一。可能会遇到的挫折有哪些？假如真的遇到了，该如何应对？事先掌握这些信息，有利于我们制订出更可行的计划。

需要逆算的五个要素

采用三个方法破解了"不懂"之后，我们把

实现梦想时必需的要素分解为以下五个。

- 所需时间
- 所需费用
- 所需之事（要做之事）
- 所需之物（知识、技能、经验、工具等）
- 所需之人（工作人员、客户等）

在第 1 章中，我们已经对时间、要做之事和所需之物进行了逆算。我们把要做之事分为自己要做之事与需要领导、其他部门的人协助之事。实现自己的梦想也一样，所需之事无须自己一个人包揽，反而应该尽量借助他人之力。越能得到更多人的协助，梦想实现的速度就越快。

还有一个要素需要逆算，那就是费用。假如你的 10 年计划中有留学、买房、搬家、创业等需要一大笔钱的事项，费用的计划就必不可少。

上述五个要素相互关联。时间不够的时候，可以用钱来解决。比如，要给帮助自己的人支付报酬，跟班学而非自学时需要花费培训费，购买提升工作效率的工具也需要花钱，如此等等，不一而足。相反地，如果钱不够，也可以用时间来解决。比如，为了控制支出，工作尽可能自己完成。假如自己没有足够的时间掌握所有必需的知识与技能，就需要"借用"别人的时间，思考请什么人来帮忙。

这五个要素中，无论哪一个出现了问题，我们都要积极思考是否能用其他要素弥补。把必需的要素分解为五个并调整，就能进一步增强计划的现实可行性。

04 年度逆算表的制作方法

制作好人生逆算表与 10 年逆算表之后，大致的人生路径就清晰可见了。用地图来打比方的话，就像已经拥有了世界地图与区域地图一样。下一步要制作的，是相当于国家地图的年度逆算表。

逆算计划的五个步骤

接下来我们要逐步制订详细的计划，我先介绍一下制订详细计划的五个步骤。

- 筛选出五个必需项目
- 确定能够高效推进计划的流程
- 预计完成各项目所需的时间
- 确定进度管理的评估要点
- 确定执行时间

筛选出五个必需项目

筛选出要做之事的方法如前所述。从"逆算"的五个要素中除去时间，留下钱、事、物、人这四个要素。考虑的顺序为物、人、钱、事。举一个例子，比如我们为了减肥，决定开始跑步。首先我们要考虑的就是必需物品。最起码要有一双跑鞋，可能的话，还想选购一套能提升跑步积极性的运动服。没有经验，不知道该购买什么样的跑鞋时，我们可以向朋友请教。此时，我们需要思考向谁请教最好。除了跑鞋样式，也要请教购买跑鞋大约需要花费多少钱。我们也可以上网检索查找，了解跑鞋的价位。其他必需物品也可以一道筛选出来，最后列出一张要做之事的清单。类似于下面的清单。

- 向某某请教选购跑鞋的方法
- 购买跑鞋
- 找到一款好用的跑步 App
- 网购一个能测量体脂率和肌肉量的智能体重秤
- 阅读一本可读性强的跑步入门书

说句题外话，我刚开始跑步的时候，因为是小白，内心有点忐忑，所以购买了大量"最好能有"的东西，结果基本上都浪费了。如果无法判断哪些东西对自己重要，就会被"最好能有""知道一下比较好"等不需要的东西所迷惑。我从失败中吸取的教训是，一开始只购买"一定需要的东西"，之后如果发现确实需要购买其他东西，再去购买也不迟。"所有东西都准备好了再开始"，有这种想法的读者一定要多加注意。

还有一点需要注意，那就是该向谁请教。有些人总是随身携带一个大包，找东西很费劲，还有一些人办公桌上堆满了东西，无法办公。如果你向这些人请教，他们往往会告诉你，"最好能有""最好去做""最好知道一下""最好能学会"这些事都要做。当然他们肯定没有恶意，是出于好心给出的建议，但如果你照单全收，便很有可能会造成时间、金钱、精力的浪费。毕竟，不会整理东西的人很难区分什么东西重要，什么不重要。或者他们不擅长思维整理，也因此造成了无谓的浪费。所以，我们应该向那些已经实现了自己心愿的人、适合做范例的人请教。

再回到跑步的例子上来。如果一个前辈虽然很早以前就开始跑步，但他有啤酒肚，那他就不太适合做范例。你是想通过跑步来减肥，所以一定要向跑步减肥成功的人请教。如果找错了请教对象，就会得到错误的建议，从而导致你多走弯路。

我这样写，可能会有人跳出来跟我抬杠，说道："不对不对，浪费也是必要的，没有浪费的生活会令人窒息。"我想说，只有剔除了浪费，我们才能变得更从容。减少时间、金钱、精力的浪费，时间会更充裕，手头会更宽绰，心灵会更淡定。

确定能够高效推进计划的流程

我们言归正传，进入制订计划的第二个步骤。筛选出必须要做的事后，我们需要思考能高效推进计划的流程。

在前面提及的五件事中，我建议先阅读跑步的入门书。具备一定的基础知识之后，再列出提问清单，去向朋友请教。请教时，可以请朋友一并推荐好的 App 和智能体重秤，这些能提供重要的参考数据。跑鞋、App 和智能体重秤三者之间并没有内在关联，先买哪个都可以。

预估完成各项目所需的时间

第三个步骤是预估时间。我们需要想想做每件事大约要花多长时间。

确定进度管理的评估要点

第四个步骤是确定进度管理的评估要点。跑步这个例子中，要做之事比较少，并且全都不用花太长时间，这个步骤就省略不谈了。

确定执行时间

最后一个步骤，就是要确定什么时候执行，

即日程安排。在第 3 章里，我们一直在谈如何制订计划。你知道计划与日程安排有什么不同吗？

很多人使用手账是为了管理日程。什么时候做什么，几月几日几点开始在哪里开商谈会等，是为了记住这些安排而将其写在手账上。大多数人的手账使用方法仅限于此。

做好不得不做之事，其他的事就顺其自然、听之任之。你也抱着这样的生活态度吗？如果只做日程管理，我们的人生就会变成这样。

也有很多人使用手账进行任务管理。所谓任务管理，就是筛选出要做之事，设定完成期限，并对任务是否成功执行进行管理。有时人们也会按照紧急程度和重要程度来决定任务的执行顺序。

在逆算计划的五个步骤中，也包括筛选出要做之事，思考更加高效的执行顺序。不过，逆算计划要求人们在执行前，明确地规划未来愿景，以愿景为起点开始逆算，一步步制定日程安排。

在普通的任务管理过程中，因为没有明确的目标，且任务中混杂了"最好去做""最好会做"等事项，所以人们无法区分某件事是否需要做。结果就是，每天都被这些永远做不完的应做之事牵着鼻子走。请不要仅仅满足于日程安排与任务管理，一定要试试逆算计划。

年度逆算表的制作方法

现在我们已经知道该如何制订详细的计划了，接下来就让我们利用"年度逆算表"来制订年度计划。年度逆算表虽然比人生逆算表和10年逆算表更详细，但也只是对一年的展望，写个大概即可（见图3-4）。不过，关键点还是要把握住的。

首先，要决定填在表格第一行的主题。年度

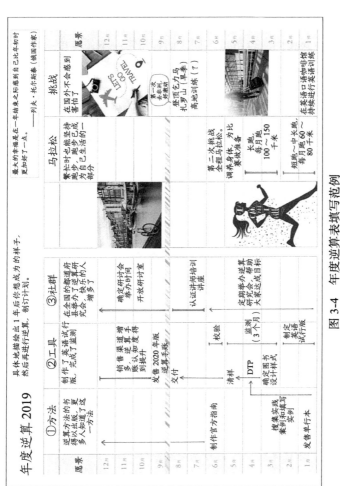

图 3-4 年度逆算表填写范例

注：到年末（12 月 31 日）时，什么样子的孩子会让你感到准备不已呢？为了实现这个心愿，让我们计划好什么时候需要完成什么事。

逆算表的主题既可以与人生逆算表、10 年逆算表的主题相同，也可以不同。请你思考一下，年度计划中哪些主题比较重要。

其次，要填写最上方的"愿景"（Vision）一栏。在这一栏里，你要具体地写出到了年末——12 月 31 日夜里，你希望自己变成什么样子。我再强调一遍，这里说的"具体"，是指你的文字表述不但自己能看懂，别人也能看懂。不是写年末"可能会变成什么样子"，而应该描述出"如果变成这样，我会很兴奋"的未来。愿景就是令人振奋的未来。

最后，从年末愿景开始逆算，按月填写必要事项。筛选必要事项时，我会经常问自己："这意味着什么呢？"比如，"年末要达成这个目标，意味着在年末的前一个阶段我应该要完成什么呢""这意味着在什么时候需要做完什么呢""这意味着该做好哪些准备呢"，就像这样，我会不断地问自己。

筛选出必要事项后，我们要有意识地联想到逆算计划的五个步骤。为了更高效地推进计划，我们要思考按什么流程执行计划比较好。

此外，我们还要大致估算一下做每件事要花多长时间，然后再按月份进行时间分配。

05　项目化

把梦想变为现实的秘诀是项目化

制作好年度逆算表，我们离实现梦想又近了一大步。不过，此时我们依然不知道为了离梦想更近一步，今天需要做什么。制订计划要从整个人生着眼，然后一步步决定今天该做什么。本月该进展到何种程度，本周该进展到哪里，今天该做什么，这些需要我们依次逐步细化。

在把年度计划细化为每月计划之前，我想给你介绍一个能够提高梦想实现概率的秘诀——"项目化"。"项目化"这个词，可能让你听得一头雾水。其实，知道与不知道它，结果会大不相同。

在逆算手账的用户中，许多人刚开始并不知道"项目化"为何物，不过现在已经有越来越多的人切身体会到"项目化"能让很多事情成功实现。如果你知道了"项目化"是什么，你会恨不得马上开始实践"项目化"的。

各种事情都可以"项目化"

我之所以发现"项目化"能让很多事情圆满完成，是缘于我自己减肥成功的经验。

世界上的减肥方法不计其数，我的周围也有人常年在减肥。虽然减肥方法无数，但减肥失败的人很多，减肥成功后又反弹的人也不少。当我第一次决定要减肥的时候，我就想，这要付出相当大的努力才行。所以，我打开了手账。先写出减肥目的，接着写出减肥期限、目标数值、希望减肥后变成什么样子、为了确保减肥成功要采取什么战略、要花多少钱、要找谁帮忙、必需品有哪些等。结果，我的减肥计划大获成功。原本制订了一年的减肥计划，结果我半年就轻松达成了目标。以前深恶痛绝的运动，也成了我生活的一部分。

那么，原本艰难痛苦的减肥，我是如何成功做到的呢？

为了寻找原因，我重新回顾了自己写在手账上的内容。那些内容在我看来是再正常不过的项目。一想到"要付出相当大的努力"，我自然而然地就把平时的工作方法用到了减肥上。我大学毕业后做过系统工程师，工作都以项目为单位。后来我成了自由职业者，开始从事网页制作的工作，但工作方法一样，都是做项目。于是我就想，"项目化"是不是也能顺利推进其他工作呢？我做了这个假设并开始做实验验证它。

我很不擅长管理钱财，于是我做了一个管理资金流的项目。家里实在太乱了，于是我做了收拾屋子的项目。虽说减肥成功了，但我深感自己体力不足，于是我做了提升体力的项目。我反思自己的外貌实在对不起观众，于是我又做了形象提升项目。字写得不好，让我从小就感到自卑，为了消除自卑我实施了练字项目。我还做了其他各种项目的实验，结果都证明我的假设是正确的。

通过"项目化"，很多事情都圆满完成了（见图3-5）。怎么样？你是不是也想试试"项目化"呢？

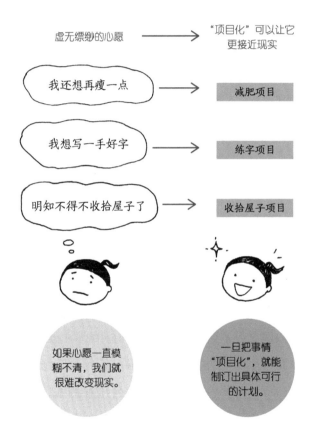

图 3-5 "项目化"有助于实现梦想

什么是项目

我们经常听说"项目"这个词，但你能解释它的含义吗？对项目一词的理解因人而异，本书将其定义为"在指定期限内达成目标的活动"。

"到什么时候为止""为了什么目的""你想做什么，怎么做（你想怎样改变）"，换言之，只要确定了期限、目的和目标，我们就可以让很多事情"项目化"。

为什么要用"项目化"这个词呢？是为了强调把减肥、收拾屋子等一般不会成为项目的事情特意作为项目来对待。比如，写一手好字这件事，一般情况下不会成为项目。平时，我们心里可能只是有个模糊的愿望罢了，但在某个不经意的时刻，比如需要手写收信人的姓名和地址时，或者在婚礼接待处需要写下自己的姓名和住址时，我们就会感到懊恼："哎呀，我要是能写得一手好字该多好。"不过，我们不知不觉就会把这个心愿抛在脑后，直到下一个"不经意的时刻"到来时再次回想起来，如此循环往复。

去国外旅行时，我们会深切地感受到"要是会说英语就好了"，于是回国时痛下决心"这次一定要学好英语"。可是，回归日常生活后，这个决心就被遗忘了。

心想一定要瘦，但完全抵制不了美食的诱惑。想要收拾屋子，但不断给自己找很忙、今天太累了等借口，结果几个月过去了，根本就没有收拾屋子。

你有过这样的经历吗？

把真正必要的事"项目化"

为什么会出现上述拖延的情况呢？其中一个原因，是没有设置期限。"到什么时候为止"这个问题，能开启我们的逆算思维。

我们之所以会把想做之事一拖再拖，是因为没有设置截止时间。但不限于此，还因为没有明确目的。我们明明知道应该把每件事都做了，但不做也不会马上感到困扰。虽然是真的想做，但其他需要马上做的事堆积如山。所以，即便设置了截止时间，我们也会优先去做其他事。

"我的目的是什么？"我们需要问问自己并用文字表达出来，这样才能知道对自己来说哪些事是真正重要的。如果一件事对你而言确实很重要，它的优先程度就会改变。我们会发现，自己曾经一心以为不得不做之事，其实并没有必要做，或者优先程度并不高。只要能判断出真正重要的事，我们就不会轻易拖延了。

还有一条非常重要，就是要明确"做什么，怎么做（你想怎样改变）"。想变瘦也好，想学会说英语也罢，这些表达都太模糊了。你想变成什么样子，你期待自己有什么样的改变？如果看不到振奋人心的未来，我们便无法提起干劲。

期限、目的、目标，这三个要素一旦确定，虚无缥缈的心愿就能转换成有形的、可行的项目，我们就能改变现实。

如何实现"项目化"

那么，该如何实现"项目化"呢？我来举例说明。

我将介绍供职于大型电机制造商的大村信夫先生的减肥项目。大村先生以前也挑战过减肥，但他说"减肥太艰辛了，减肥就是考验忍耐力"。于是，我让他尝试逆算式减肥。所谓逆算式减肥，是指设定一个振奋人心的未来，即愿景，然后以愿景为起点开始逆算，实施"项目化"的减肥方式。

他设定了一个愿景，要在女儿的开学典礼之前，成为能让女儿向朋友炫耀的"帅爸爸"。减肥项目就此拉开帷幕。他说这是他第一次心情激动地努力减肥。那么，大村先生是如何将减肥"项目化"的呢？我们一步步来看。他使用了三种项目表来实施减肥项目。

（1）项目的基础设计

刚开始，要进行基础设计（见图3-6）。把确保该项目成功实施的必要事项依次整理为①～⑧。①～③要靠右脑展开想象，④～⑧则需要左脑进行逻辑思维。

在项目的"实施目的"栏里，填写最终目标。这与人生愿景图的填写一样。要明确你真正的心愿是什么。

（2）项目的流程设计

接下来，我们要梳理一下具体该做什么（见图3-7）。首先，把整个项目大致分为4～5个流程。然后，再把每个流程细分为便于实践的

大小合宜的事项。由此，日程计划的安排会变
得更容易。让我们在已经完成的事项旁边打钩，
稳步推进项目。

（3）项目的回顾总结

在项目的最后阶段，要进行扎实的回顾总结
（见图 3-8）。回顾总结完成后，一个项目才算真
正"结束"。我们要从结果和过程两个方面加以
回顾总结。

之所以要回顾总结，是不想让项目止步于一
次性的成功，是为了吃一堑长一智。我们要思考
如何才能做得更好，并将其应用在下一次计划中。
回顾总结对提高今后项目的成功率举足轻重。

辨别出值得努力的项目

我们学习了"项目化"的一整套流程，你有
什么感想呢？

④明确本项目的实施目的

项目计划（基础设计）

目的（为什么而实施此项目计划）

为了年过百岁还能讴歌健康美好的人生！

⑤思考怎样才能获得想要的结果

战略（最有效的策略·基本方针）
1. 饮食：控制热量／糖
2. 适量运动的好习惯、睡眠充足、没有压力地生活
3. 按照瘦身成功后的尺寸定制西装

⑥设定目标，把想得到的结果与自己要做的事分开来

目标（可衡量的目标：结果目标＋行动目标）
* 结果目标
3 个月减重 10 千克：77 千克 ⇒67 千克
* 行动目标
（1）一天摄入的热量控制在 2000 卡路里以内（目前是 2800 卡路里）：每周 1 天 ⇒ 每周 6 天
（2）零食：每周 3 次⇒1 次
（3）21:00 以后的饮食：每周 4 天 ⇒ 每周 1 天
（4）每日步行 1 万步以上：每周 2 天 ⇒ 每周 6 天
（5）跑步（平均每次 4 千米）：每周 1 天 ⇒ 每周 3 天
（6）每天的睡眠时间在 6 小时以上：每周 2 天 ⇒ 每周 5 天

操作（具体方法：测量工具、记录工具、场所、环境等）
· 体重计：早晚测量体重，将体重变化图贴在客厅的墙上
· 智能手表：记录步数／睡眠时间
· 逆算手账：查看人生愿景、记录行动目标是否达成

要求（必要条件：钱、人、时间等）
· 人：家人的支持（体重减轻就能得到夸奖）
· 时间：因为要步行上班，所以需要早起
· 费用：体重计（可以精确到 50 克），预算为 1 万日元
　　　　定制西装，预算为 10 万日元

⑦确定具体的方法

⑧找出项目中的必要事项

图 3-6-1　项目的基础设计实例

①给你的项目取一个令人兴奋的名字

项目名称　　　"帅气爸爸"(减肥) 项目

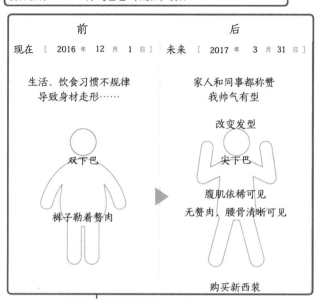

前　　　　　　　　　　　　后

现在 ［ 2016 年 12 月 1 日］　　未来 ［ 2017 年 3 月 31 日］

生活、饮食习惯不规律　　　　家人和同事都称赞
导致身材走形……　　　　　　我帅气有型

改变发型

双下巴　　　　　　　　　　　尖下巴

腹肌依稀可见

裤子勒着赘肉　　　　　　无赘肉，腰骨清晰可见

购买新西装

②"到什么时候为止""想变成什么样子"，
要写在"前"和"后"栏里

想象你高兴的样子

2017 年 4 月我女儿考上心仪的学校，我跟她一起参加开学典礼。

新朋友对女儿说："你爸爸可真帅。"女儿不好意思地
回答"没有没有"，内心却是美滋滋的，此情此景，
也让我感到无比高兴♪

③事先写下实现目标时的高兴心情

图 3-6-2　项目的基础设计实例

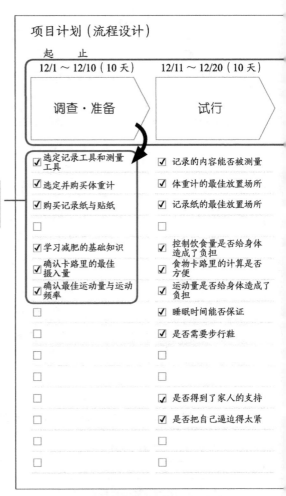

②将各个流程中需要执行的事项细分为便于执行的、大小合宜的任务

项目计划（流程设计）

起	止
12/1 ～ 12/10（10 天）	12/11 ～ 12/20（10 天）
调查·准备	试行

☑ 选定记录工具和测量工具	☑ 记录的内容能否被测量
☑ 选定并购买体重计	☑ 体重计的最佳放置场所
☑ 购买记录纸与贴纸	☑ 记录纸的最佳放置场所
☐	☐
☑ 学习减肥的基础知识	☑ 控制饮食量是否给身体造成了负担
☑ 确认卡路里的最佳摄入量	☑ 食物卡路里的计算是否方便
☑ 确认最佳运动量与运动频率	☑ 运动量是否给身体造成了负担
☐	☑ 睡眠时间能否保证
☐	☑ 是否需要步行鞋
☐	☐
☐	☐
☐	☑ 是否得到了家人的支持
☐	☑ 是否把自己逼迫得太紧
☐	☐
☐	☐

图 3-7-1 项目的流程设计实例

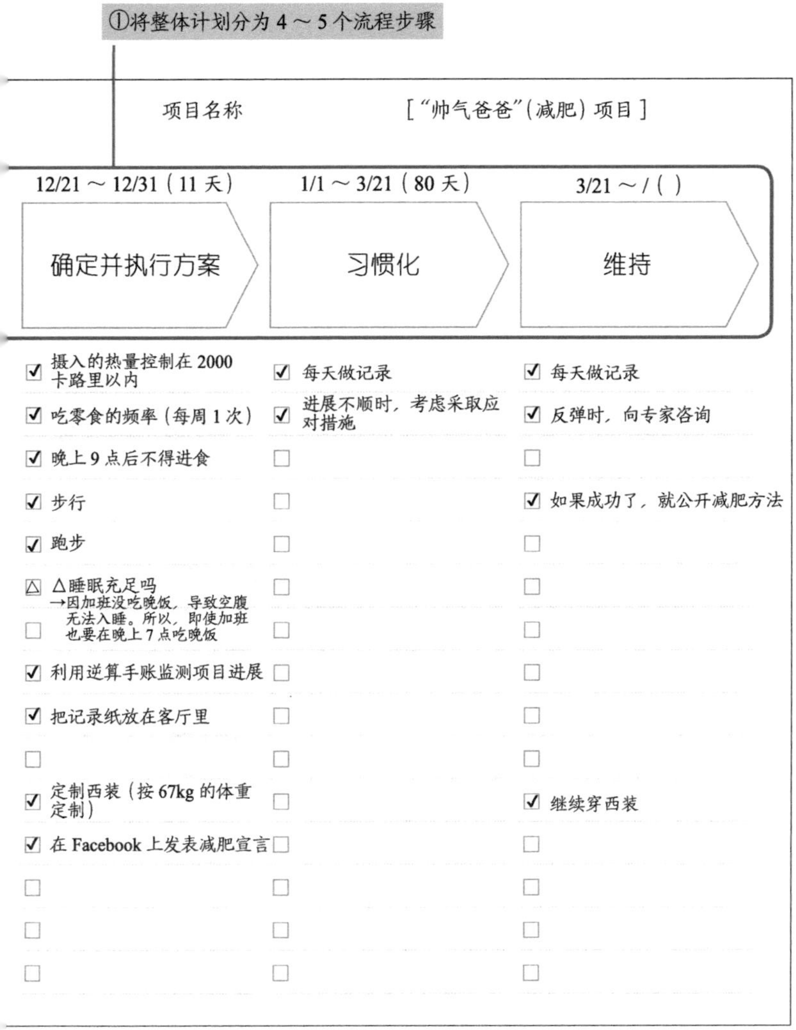

①将整体计划分为 4 ～ 5 个流程步骤

| 项目名称 | ["帅气爸爸"(减肥)项目] |

| 12/21 ～ 12/31（11 天） | 1/1 ～ 3/21（80 天） | 3/21 ～ /（ ） |
| 确定并执行方案 | 习惯化 | 维持 |

☑ 摄入的热量控制在 2000 卡路里以内 ☑ 每天做记录 ☑ 每天做记录

☑ 吃零食的频率（每周 1 次） ☑ 进展不顺时，考虑采取应对措施 ☑ 反弹时，向专家咨询

☑ 晚上 9 点后不得进食 □ □

☑ 步行 □ □

☑ 跑步 □ ☑ 如果成功了，就公开减肥方法

△ △睡眠充足吗
→因加班没吃晚饭，导致空腹
□ 无法入睡。所以，即使加班
也要在晚上 7 点吃晚饭 □ □

☑ 利用逆算手账监测项目进展 □ □

☑ 把记录纸放在客厅里 □ □

□ □ □

☑ 定制西装（按 67kg 的体重定制） □ ☑ 继续穿西装

☑ 在 Facebook 上发表减肥宣言 □ □

□ □ □

□ □ □

□ □ □

图 3-7-2　项目的流程设计实例

③目标达成了吗

②目的达到了吗

项目回顾

目的　目的达到了吗？
☑ Yes　虽然还不到 100 岁，但是已经打好了基础
☐ No

目标　目标达成了吗？
☑ Yes　和女儿一起拍了照，照片上的我们笑容灿烂
☐ No　（女儿还说我很帅♪）

过程　在项目实施过程中有哪些成功之处，哪些失败之处？
为了离目标更近，今后该怎么做？

成功之处		今后怎么做
计划于 4 月份的开学典礼前达成目标，结果在 3 月份就达成了目标，赶上了毕业典礼	▶	尽量往前赶进度，就会有惊喜！
把西装挂在能看见的地方，提醒自己早点穿上它	▶	要让自己总能在手账和智能手机上看到自己想变成的样子
虽然有过艰难的时期，但周围人的支持给了我莫大的鼓舞。	▶	有效利用聚集了志同道合之人，成员之间相互鼓励的组织

失败之处		今后怎么做
出差时，生活习惯会被打乱	▶	出差时也带上跑步鞋，坚持跑马拉松
在外就餐时，剩饭造成浪费	▶	点餐时要求米饭少一点
	▶	

④不仅要关注结果，还要关注过程，从成功经验和失败教训两方面出发，思考今后如何改进方案

图 3-8-1　项目的回顾总结实例

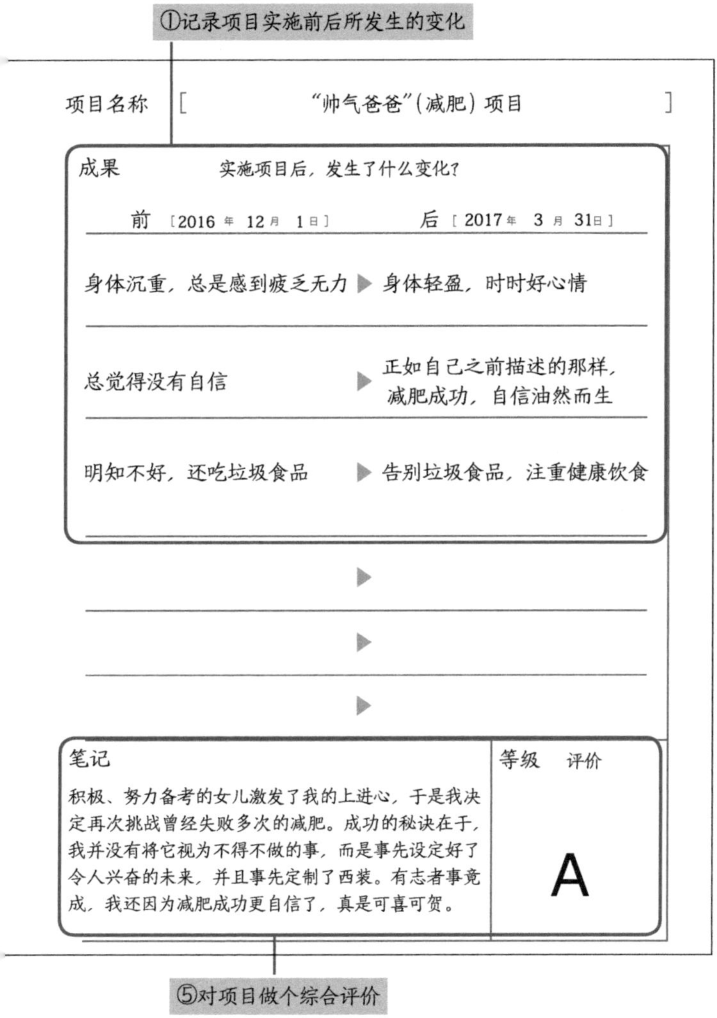

①记录项目实施前后所发生的变化

项目名称 ［ "帅气爸爸"（减肥）项目 ］

成果 实施项目后，发生了什么变化？

前 ［2016 年 12 月 1 日］ 后 ［2017 年 3 月 31日］

身体沉重，总是感到疲乏无力 ▶ 身体轻盈，时时好心情

总觉得没有自信 ▶ 正如自己之前描述的那样，
减肥成功，自信油然而生

明知不好，还吃垃圾食品 ▶ 告别垃圾食品，注重健康饮食

▶

▶

▶

笔记	等级 评价
积极、努力备考的女儿激发了我的上进心，于是我决定再次挑战曾经失败多次的减肥。成功的秘诀在于，我并没有将它视为不得不做的事，而是事先设定好了令人兴奋的未来，并且事先定制了西装。有志者事竟成，我还因为减肥成功更自信了，真是可喜可贺。	**A**

⑤对项目做个综合评价

图 3-8-2 项目的回顾总结实例

　　"项目化"与模糊不清的"想变瘦"截然不同。经过基础设计与流程设计之后，逐一去做应做之事。最后，认真回顾总结。如果我们做得很到位，很多事就成功做到了。

　　可能你会觉得很辛苦或很麻烦。说实话，是有点辛苦，填写项目表也的确麻烦。正因为如此，我们才需要把真正值得努力的事情加以"项目化"。把那些真正想要认真去做、想要取得成效的事"项目化"。那些看起来很棘手的事，也可以成为"项目化"的对象。

　　你有没有多年来一直想着"要做，要做"，却至今都没有着手做的事情呢？这样的事情也可以成为"项目化"的对象。对你来说，真正值得努力的事是什么呢？

　　关于辨别什么事情值得努力，我有两个标准。一个是激情，还有一个是对人生的影响力。以年度逆算表为依托，把接下来一年内想要实现的心

愿写进项目计划表里。然后针对所有想要实现的
心愿，以 5 级标准来衡量我们的激情和心愿的影
响力。将激情和影响力两个得分相加计算出总分，
按总分高低进行排名（见图 3-9）。激情越高，对
人生的影响力越大，该心愿的优先度就越高。

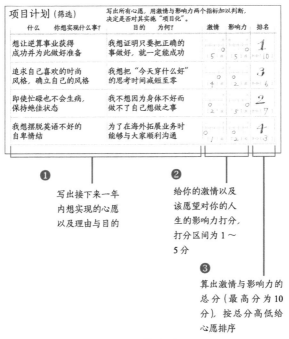

图 3-9　筛选项目

为了充分利用有限的时间，我们需要梳理一下，应该在什么事上下功夫，什么事才是真正值得做的。

可同时顺利处理多个项目的甘特图

你找到能让你的未来光明无比且令人振奋的项目了吗？

我猜你已经列举出了不少项目，比如：想挑战的工作或事业，为了美容和健康想要做出的努力，想打造一个更舒适、更快乐的生活环境，想学习的主题和想掌握的技能，想精通的爱好，想加强与家人、朋友的互动，长久以来向往的事，想克服儿时遗留下来的自卑情结，等等。

能找到很多心愿固然是好事，但有一点会令人感到困扰：心愿太多，不知从何着手。这个也想做，那个也想做，会令我们陷入焦虑却又束手无策，以至于我们每天都会被各种应做之事牵着鼻子走。那些只需要专心处理一件事（比如只考虑工作）的人，毕竟是极少数，大多数人都需要处理很多事，既要处理工作，也要处理家长里短，既要考虑家人，也要考虑自己。

这就像"转盘子"，既要同时转动多个盘子，还得保持协调，不能让任何一个盘子掉下来（见图 3-10）。此时如果再新增一个盘子，只会令人惊慌失措。不过，有一个工具可以帮你应对这种情况，那就是甘特图。

图 3-10 同时处理多个项目就像转盘子

使用甘特图进行模拟

甘特图是一种用于管理项目进度的图表，横轴表示时间，纵轴上是所有要做的项目，整体情况一目了然，极为便利（见图 3-11）。

为了分配好时间和精力，我们需要把握全局。把我们的工作和生活，包括自己的事与家人的事，现在正在做的事以及将来想做之事，写在一张纸上，这样可以纵览全局，然后思考应该给哪件事分配多少时间。

把项目写在纸上，让它清晰可见，这样做，我们脑海中"这也想做，那也想做"的混乱状态就能变得有条理，我们就可以看出哪个盘子转得稳当，哪个快要掉了。

我们可以在重要之处加粗线条，使用醒目的颜色，或者用边框将其框起来，这样做更有助于我们把握整体的平衡。重要的事情是否过于集中

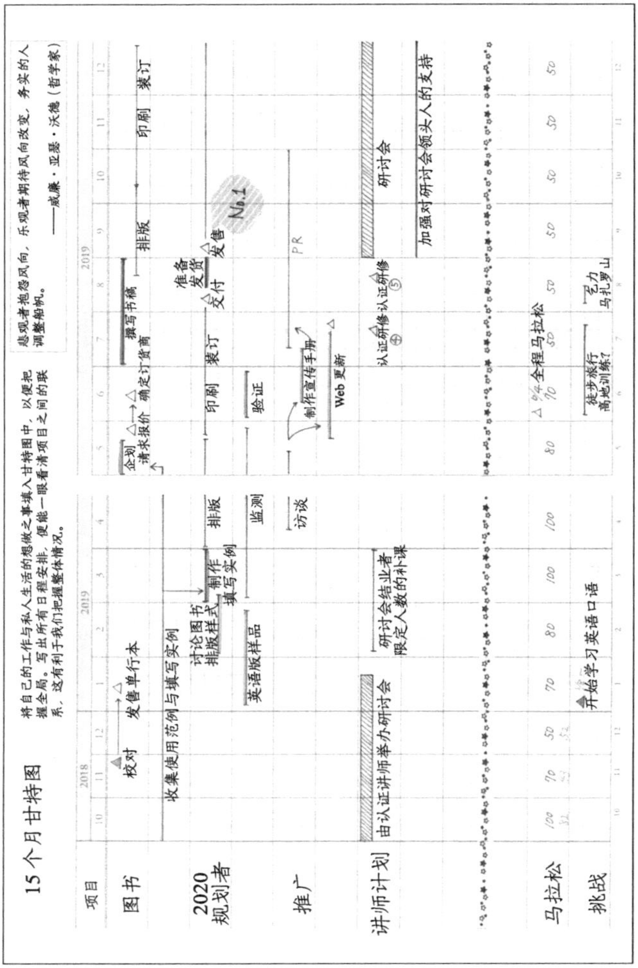

图 3-11　甘特图填写实例

注：总揽全局，平衡进步，放眼数月后，制定策略，走好脚下每一步。

在同一时期？制订计划的目的之一，在于在实施计划之前找出"这样下去可能会失败"的部分并思考对策。重要的事情过于集中的部分极有可能会失败。我们应用甘特图模拟一下，看看将这些事前后错开是否可行。

要做之事的顺序和这些事之间的关联有没有问题？哪些事情是相互关联的？我们可以用箭头表示出来。横轴表示时间，横线的长度就表示所需的时间。我们对时间的预估合理吗？

如果需要把某一项目的时间往后推，那么与之相关联的项目也要相应地往后推。时间是否充裕，哪些项目的时间不够充裕，我们都可以用甘特图进行模拟。

因为甘特图上统合了我们要做的所有事情，所以，在此基础上制订月度计划易如反掌。我们需要更加详细地计划一下每个月该做什么事。制订好月度计划后，下一步就是把它分解成一周的计划。走到这一步，我们就明白"今天该做什么事才能离梦想更近"了。一个月、一周的计划表该怎么填写呢？本书将在第 5 章通过案例对其加以介绍。

哪怕是无边无际的梦想，将计划逐步细化后，也能将其分解成大小合适的"今天该做之事"。剩下的，就是逐个实施，一步步接近梦想。

06 设定"不痛苦的目标"的秘诀

到此为止，我介绍了计划的制订方法与项目化。在本章的最后，我再补充介绍一个与设定目标相关的内容。在第 1 章的最后，我曾说过，因为受到"目标必须要达成"这条咒语的束缚，所以很多人打心底厌恶设定目标。而目标是我们实现最终梦想的路标，可以确保我们走在正确的道路上。

你还记得那个叫《糖果屋》的童话故事吗？讲的是一对贫穷的伐木工夫妇苦于饥饿的折磨，想把孩子们扔在森林里的故事。汉森和格雷特兄妹在被带去森林的途中丢下了许多白色的小石子，以作为回家时认路的路标。被丢弃在森林里的兄妹俩，循着月光下闪闪发光的白色小石子，在早晨顺利回到了家。兄妹俩第一次成功回到了家，但第二次他们失败了。兄妹俩没有准备好白色小石子，只好把面包屑撒在路上作为记号，不料面包屑被鸟儿吃得精光。没有记号，两人找不到回家的路，迷失在了森林深处。

即使我们知道自己想要实现什么心愿（汉森和格雷特兄妹的心愿是回家），如果没有中途的记号，我们也还是会迷路。"白色小石子"能确保我们走在正确的道路上，它就相当于目标。这样想来，你不觉得设定一个目标比较稳妥吗？

即便如此，你可能仍然对设定目标有抵触情绪，所以，接下来我要介绍两个设定"不痛苦的目标"的秘诀。

秘诀 1：新 SMART 法则

众所周知的"SMART 法则"并无乐趣可言，"新 SMART 法则"则是我自己独创的目标设定法则。

众所周知的"SMART 法则"是这样的。

Specific= 具体的

Measurable= 可衡量的，目标的达成程度可以量化

Achievable= 可达成的

Realistic= 现实的、以结果为导向的

Time-bound= 有时限的

"R"也可以是"Result-based"或"Result-oriented"，指"基于结果的"。

"T"有时也被说成"Timed""Timely""Time-oriented"。

接下来我要介绍的，是设定令人振奋且不会让人感到痛苦的目标的法则。

Simple= 简单易懂的

Measurable= 可判断的（能知道目标是否达成）

Attractive= 吸引人的

Related= 与梦想相关联的

Time-limit= 有时限的

简单易懂的（Simple） 简单易懂的目标比复杂晦涩的目标更有利于集中精力。比如，"呃……今年的目标是什么来着"，一个需要仔细回忆才能想起的目标，不如"今年就要实现它"等脱口而出的简单目标令人记忆深刻，后者实现的概率也更大。

可判断的（Measurable） 一个不能判断它是否达成了的目标是无法达成的。目标达成与否，不一定要用数据来衡量，但我们需要设定一个明确的标准来判断它是否达成了。

吸引人的（Attractive） 令人振奋的目标。这一点真的很重要。无法实现的目标只会令人感到痛苦，但如果净是一些"这个好像能做到"等四平八稳的目标，也毫无乐趣可言。我们要设定一个吸引人的目标，一个迫不及待想要实现的目标。

与梦想相关联的（Related） 要与梦想相关，这一点也至关重要。"白色小石子"一定要指向想回的家的方向。常见的失败案例是设定一些无厘头的目标，比如"今年要读 100 本书"。如果你没有想清楚最终目的是什么，仅凭一时冲动就定了一个目标，而这个目标与你的梦想并不相关，那么即使你真的实现了这个目标，又怎样呢？我们需要确保目标来自我们最终追求的那个振奋人心的未来，换言之，目标是从愿景中衍生出来的。

有时限的（Time-limit） 设定期限是"逆算思维"的起点，明确"想在什么时候成为什么样的人"的重要性不言而喻。

秘诀 2：ORP 规则

"ORP 规则"是一个能使你在保持干劲的同时挑战更高目标的技巧。

"如果能实现这样的事就太棒了"，这种目标能令人振奋不已，当然，实现的过程也很艰辛。不过，这样的目标很有趣。我想做有趣的事，可是目标越高失败的概率就会越大，真是令人发愁。

因此，我在设定目标时运用了"ORP 规则"。"ORP 规则"一词由三个词的英文首字母构成，分别是 Optimistic（乐观的）、Realistic（现实的）、Pessimistic（悲观的）。

O（乐观的目标）→以此为期望目标

R（现实的目标）→以此为基础制订计划

P（悲观的目标）→要求最低的、务必达成的目标

我利用以上三种目标，在规避失败的同时保持着干劲。

O（乐观的目标）：为了激发行动的能量

R（现实的目标）：为了降低失败的风险

P（悲观的目标）：为了安心面对挑战

R（现实的目标）不足以让我们感到振奋，但如果以 O（乐观的目标）为基础制订计划，失败的概率便会增加，所以最好以 R（现实的目标数据）为基础制订计划。

如果以 P（悲观的目标）为基础设定目标，就能拥有"只要实现了它就没问题"的安心感。确保在最坏的情况下也不会受致命伤，我们就可以积极地挑战更高的目标。

因为 P（悲观的目标）基本可以实现，所以无法达成目标而导致自尊心受挫的担忧便减轻了。

不要过于乐观，也不要过于悲观。既务实可行又令人振奋。让我们设定一个这样的目标吧。

制订计划是在现在
与未来之间铺设台阶

哪怕眼前是悬崖绝壁，只要稍微往后退一点，铺设阶梯，将其分割成不费吹灰之力就能爬上去的台阶就可以爬上去。

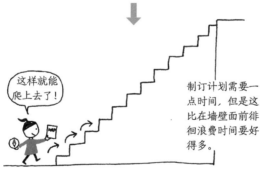

制订计划需要一点时间，但是这比在墙壁面前徘徊浪费时间要好得多。

制订计划，有助于我们顺利前行。

第 **4** 章

行动

开开心心向前迈进

01 在重温愿景中开启每一天

在第 2 章中，我们将令人振奋的未来具体化并制作了人生愿景图。在第 3 章中，我们从愿景开始"逆算"，制订了计划。此时，我们已经定好了想去的目的地，也知道了该怎么去。让我们手持愿景和行动计划，向前迈进吧。

在执行阶段，最重要的就是乐在其中。实现梦想的路途并不平坦，我们会碰上难题，会情绪低迷，也会因遭遇不顺而产生挫败感。如果我们懂得如何乐在其中，便能克服这些困难。

因为快乐而能坚持，因为坚持而有收获。

在第 4 章中，我将分享开开心心达成梦想与目标的方法以及在执行阶段遇到障碍时的应对策略。

首先，最基本的，让我们养成每天早晨重温愿景的习惯（见图4-1）。当我们忙碌得无暇写手账的时候，或者情绪低迷、什么也不想干的时候，就来看看人生愿景，只要几秒钟就行。

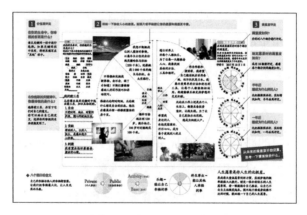

图4-1　每天重温愿景图

注：为了以好心情开始新的一天，让我们养成每天重温愿景的好习惯。忙碌时，只要看上几秒就好。

有些人会有"必须要在手账上写点什么"的压力，其实没有精力的时候就不用写，只是看看就好。如果我们制定的人生愿景足够精彩，看上一眼就能令人感到振奋愉悦，那我们就能以好心情开始新的一天。

让我们每天早晨重温自己的目标是什么，心愿是什么，细细品味振奋人心的感觉。

02 被眼前不得不做之事束缚的原因

重温人生愿景，就是确认前行的方向。这是确保我们不忘记自己的梦想的重要习惯。你是不是认为我们绝对不会忘记自己的梦想或目标？很遗憾，无论多么重要的梦想，都会因生活的琐碎被淡忘，甚至被遗忘。因为我们的生活一不小心就会被"不得不做之事"所占据。

眼前的广告牌和远处的富士山，哪个看起来更大呢？眼前的广告牌更大。可是，真正的大小正好相反。富士山当然要比眼前的广告牌大得多（见图 4-2）。

　　与此类似的事情，在日常生活中极为常见。眼前的不得不做之事，比如必须去购买卫生纸，这是极小的事，但在没有足够卫生纸的情况下，这就是一项紧迫的重要任务。在炎热的夏天及时扔掉厨余垃圾，去取干洗衣物或在到期前归还从图书馆借的书，这些事情也很重要。

　　在工作中有很多不能忘记的重要会议、截止日期和必须确认的事项。

　　如果孩子从学校带回了各种习题，我们不得不做之事就又会增加。我们还得记清楚要在什么时候做便当。除此之外，我们可能还要回复朋友的邮件，把传阅板⊖交给邻居，回复几个电话等。

　　⊖　日本的社区有一种叫"传阅板"的东西。每个社区的自治住户代表机构——"町内会"通过这个"传阅板"定期告知住户们社区的活动。每户人家接到"传阅板"并看完以后，需要在"传阅板"上盖章，表示自己已经阅览、了解了通知的内容，然后把"传阅板"尽快交给下一家住户。——译者注

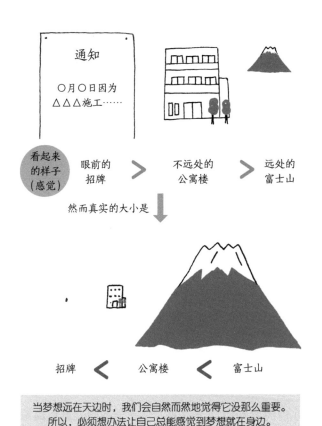

当梦想远在天边时，我们会自然而然地觉得它没那么重要。所以，必须想办法让自己总能感觉到梦想就在身边。

图 4-2 远处的东西的存在感会变弱

从整个人生来看，这一件件事都是极小的事情。可是，这些事情看起来都很重要，都是大事。眼前层层叠叠的小招牌完全遮住了远处的富士山，看不见富士山也就不足为奇了。

努力不去忘记自己的梦想，比我们想象的要难。

03 让远在天边的梦想变得近在眼前

养成每天早晨重温人生愿景的习惯，能让我们牢记自己的梦想。但是，这还不够。我们还要想办法让梦想看起来近在眼前。

还是以富士山为例。在东京看到的富士山和在静冈看到的富士山的大小完全不同。近距离看到的富士山非常壮观，连山体表面也清晰可见，这在东京是看不到的。当然，富士山的大小并没

有改变。靠近它，就能感觉到它更大更真实，如
此而已。同理，当我们朝着梦想前进时，就能感
觉到梦想越来越近，越来越真实（见图 4-3）。

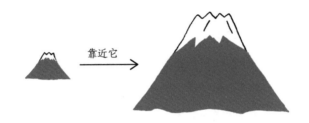

当我们朝着梦想前进时，就能感觉到梦想越来越
近、越来越真实，梦想实现的速度就能变快。

图 4-3　朝着梦想前进

即便是最初认为"根本无法实现"的宏伟梦
想，也会慢慢觉得"真的能实现了"。

要让梦想看起来近在眼前，就要一点点地
靠近梦想。靠近梦想并不意味着盲目行动。我
们要一步一步走在通往梦想的正确的道路上。
为此，我们要从愿景开始逆算，制订计划，然后

按顺序细化计划，直至将计划细化到今天要做
之事。

　　为了确保自己走在正确的道路上，我们设
定了目标作为前行的路标。《糖果屋》中的汉森
和格雷特为了顺利回家，在途中不断寻找白色小
石子。找到一颗白色小石子后，就继续前行寻找
下一颗，如此循环。他们知道只要循着白色小石
子往前走就能回到家，所以他们能放心大胆地往
前走。

　　用前面介绍的"新 SMART 法则"设定的目
标，就是指引我们实现愿景的路标。先设定年度
目标，再将其细分为月度目标，继而是周目标。

　　之所以要这样设定目标，是因为如果两颗白
色小石子之间过于遥远，找到路的难度就会增大。
距离适中的路标才能更好地发挥作用。

　　设定目标并细分目标，就像事前在路上丢下

许多白色小石子。目标能让我们切实地感觉到自己正在靠近梦想。

04 开开心心向前迈进的诀窍

开开心心向前迈进的诀窍，就是获得小小的成就感，累积"成功"体验。

如果细分后的目标大小合适，我们就能一步一步、稳扎稳打地走近梦想。每达成一个小目标，就贴上贴纸或盖上印章[⊖]（见图 4-4），这虽是微不足道的小事，却能带给我们成就感。而且，贴纸和手账印章等小物品，能让我们实现梦想的旅途变得更美好。虽然有人会嘲笑这一做法幼稚，但收集积分和印章的过程令人快乐，即便我们长大

⊖ 日本的印章种类繁多，除用于证明身份的印章外，还有铁道印章、各类活动印章、旅行景点印章、手账印章等。此处所指为手账印章，是一种装饰，能让手账变得更加赏心悦目。——译者注

成人，这种乐趣也不会改变。就像一个经常出差的人或旅行爱好者，会热衷于积累里程一样。

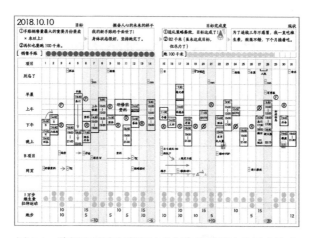

图4-4　贴纸和手账印章能让我们快快乐乐地获得成就感

　　注：让我们记录下"成功"的体验。"成功"体验的累积能给我们带来很大的鼓励。我们可以去找一些能给我们带来好心情的文具。

　　做了力量训练或拉伸运动后贴上贴纸，慢跑后记录跑步距离，阅读或学习后盖上印章。这些小小的举动能让我们切实感受到自己在一点点前行。把这些记录在手账上，我们就可以看到"成

功"的证据。随着"成功"体验的累积，我们的
自信心也会增强。

轻松获得成就感的秘诀

此外，我们也要定期查看写着 100 个心愿的
心愿单，看看哪些已经达成（见图 4-5）。心愿单
上应该写着大大小小的心愿，既有费时的，也有
立刻就能实现的。记录小事、立刻就能实现的事，
就是轻松获得成就感的秘诀。

随着"成功""愿望达成"的体验增多，我们
会形成一种积极的自我暗示，即"写下的愿望一
定能够实现"。

在不断实现小愿望的过程中，中等大小的愿
望也会慢慢得以实现，坚持下去，费时的大愿望
也将开始实现。

如果你的心愿单上只写着大愿望或费时的愿

心愿单

写下自己想做之事、想要之物、想去的地方、想成为的样子

1 欧洲游轮之旅
2 找到一家好吃的法国格雷派饼店
3 开一家能给人带来欢笑的咖啡馆
4 在卡帕多西亚乘坐热气球
5 上绘画培训班
6 拥有一条美丽的连衣裙
7 仔细游览布拉格城堡
8 尝试坐游艇
9 和小山羊玩（像《阿尔卑斯山的少女》中的海蒂一样）
10 轻松跑完 100 千米的马拉松
⑪ 作为风险企业家接受采访 8/10
⑫ 充满自信地站在众人面前说话 8/19
13 能使用英语进行商务谈判
14 从文书工作中解放出来
15 购买一款方便使用的隐形眼镜
16 去南极拍摄企鹅
17 制作企鹅的写真集
18 在国外成立公司
19 与人工智能的专家见面
20 住在阳光充足的房子里
21 能制作出极其美味的高汤
22 想在日本旅馆里集中精力写作
23 想买一个时尚的计步器
24 我想去除斑点
25 想参加柏林马拉松

26 想体验挖竹笋
27 想去露营，仰望星空
28 获得日本优良设计奖
29 成为马拉松的赞助人
30 在办公室里设一个日本茶室
31 成为毕业生最想去的企业
32 在退藏院举办禅宗修行集训
㉝ 购买一双新跑鞋 6/4
34 在大学里授课

35 让护照上盖满印章
36 乘坐头等舱
37 打造一个令自己感到快乐的衣橱
38 寻找美肤秘诀
39 独自去酒吧
40 练得一手帅气的签名
41 去丹麦体验寄宿家庭生活
42 去新西兰体验农场寄宿生活
43 能做膝盖不着地的俯卧撑
44 随手一插就很漂亮（花艺）
㊺ 出演广播节目 10/23
46 出演电视节目
47 体验头皮护理
48 去迪拜体验直升机观光
㊾ 体验手工制作荞麦面 7/15
50 寻找自己中意的香气 3/21

图 4-5 定期查看心愿单

注：定期查看心愿单，给已经实现的心愿贴上贴纸或盖上印章，收获满满
  的成就感。

望，我建议你加上立刻就能实现的愿望。这样，你就能够意识到，自己的心愿居然这么简单就可以实现。

谁都有情绪低迷的时候，而能顺利摆脱低迷期的人，一定在想方设法获取小小的成就感。相反，容易中途松懈的人，要么没有设定目标，要么设定的目标太大。他们就像无法找到白色小石子的兄妹俩一样，一筹莫展。

想办法让自己快乐，也能防止我们中途松懈。

05 苦中作乐的两个方法

要想学会苦中作乐，就需要把握好两件事："完成了多少"与"还剩下多少"。比如，要想考取某种资格证，就需要学习，不过，边工作边学习并不容易。再比如，为了美丽和健康而运动，即使我们真心希望"变美""增强耐力",要养成运动的习惯也依然很难。

我们需要把握好"完成了多少"与"还剩下多少"以挑战略有难度的任务并乐在其中。

以跑马拉松为例,前半部分我们要计算已经跑了多少千米,后半部分则要倒数还剩多少千米。开始时要想着"已经跑了5千米""已经跑了10千米",以获得成就感。过了折返点后要开始计算"剩下10千米""只剩5千米",感觉到距离终点越来越近,以此给自己打气。使用这个方法,即便是42.195千米的长距离马拉松,我们也能始终保持足够的体力,享受整个奔跑的过程。此外,当我们进行力量训练时,教练会帮我们数"1,2,3,…",还会鼓励我们说:"好,还剩3次,2次,最后一次!完成!"这也是同样的道理,最后的几次力量训练非常吃力,但一想到"还剩一点点",我们就能使出全身力气，并能稍微超越自己设想的那个极限。为了提升能力，我们要好好利用这个"还剩一点点"。

我们要设法让手账或笔记本能够更加直观地呈现目标的完成度。使用条形图来表示进度，我们就能一眼看出"完成了多少"与"还剩下多少"（见图4-6）。

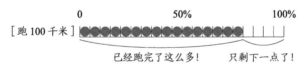

图4-6　"完成了多少"与"还剩下多少"

第二个苦中作乐的方法，就是巧妙利用速度感。

在前面，我们说过要将年度目标分解成月度目标，再将月度目标分解成周目标，这个方法能够让我们切实感受到自己离梦想越来越近。细分目标有助于提升干劲。

打个比方，假设我们计划一年跑1200千米，那么，每个月就要跑100千米，每周就要跑25千米。跑完10千米，就相当于完成了周目标的40%，月度目标的10%，年度目标的0.8%。同理，跑完20千米，就相当于完成了周目标的80%，月度目标的20%，年度目标的1.6%。仅用文字和数字表述可能还不够清楚，完成度的条形图更一目了然。

用飞机、新干线和从我们眼前经过的自行车来打比方可能更通俗易懂。论速度，飞机和新干线更快，不过从远处看起来，它们移动得很缓慢。这就好比远处的富士山会显得小很多（见图4-7）。除了大小，我们对速度的感知也会因距离不同而有所不同。

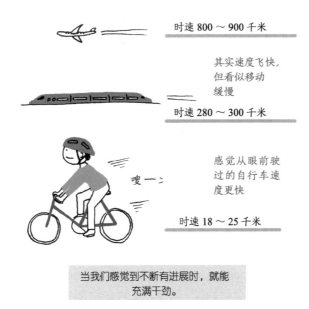

时速 800 ～ 900 千米

其实速度飞快，但看似移动缓慢

时速 280 ～ 300 千米

感觉从眼前驶过的自行车速度更快

噻一～

时速 18 ～ 25 千米

当我们感觉到不断有进展时，就能充满干劲。

图 4-7　飞机新干线与眼前经过的自行车

假如不对目标加以分解，我们就会感到无论怎么做"都没什么进展"。除非是很有毅力的人，否则一般人都会因为进展迟缓而失去干劲。而将目标分解为大小合适的周目标后，我们就能明显感觉到"进展飞快"（见图 4-8）。

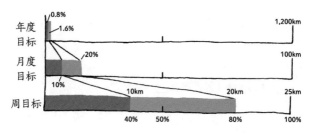

图 4-8　善用速度感

不要小看这种感知的不同。情绪会影响行为。你的情绪决定了你的梦想能否实现。

06 感到痛苦，说明已经接近终点

"感到痛苦，说明已经接近终点"，这样的想法，能帮助我们渡过难关。

以登山为例。上山与下山，哪个更轻松呢？绝大多数情况下，下山更轻松。上山的时候，呼吸急促，非常难受（见图 4-6）。即便如此，只要缓慢地一步一步往前走，就能接近我们向往的终点。我上山的时候，会在脑海里想象自己在山顶边欣赏绝佳的美景边畅饮啤酒的画面，如此振奋人心的场景让我的心中充满期待。

图 4-9　感到痛苦，说明已经接近终点

因为下山时容易受伤，所以我非常小心。刚开始尝试登山的时候，我就在下山时伤了膝盖。因为觉得轻松，就放松了警惕，一路猛冲下山，结果加重了膝盖的负担。

我在前面说过，计划执行阶段最重要的莫过

于乐在其中。不过,"快乐"并不等于"轻松"。无论是工作、学习、运动还是其他事情,随波逐流、选择安逸都是轻松的,但并不一定快乐。选择安逸意味着你向往的未来不一定会实现。

有一种快乐与喜悦,是在克服困难的过程中自我成长,是从新的经历中不断学习。

需要注意的是,我并不是让你忍受所有的艰辛。无法创造美好未来的艰辛,忍受再多也是枉然。我们一定要时常确认前方是否有自己向往的未来。

07 如何克服"做不到"心理

在第 4 章的末尾,我想介绍一下克服"做不到"心理的方法。

只做自己能做到的事,的确很轻松,但我们

无法从中学习到任何经验或获得成长。做轻而易举的事，无法振奋人心，也无法令人激动不已，我们每天都无法体会到充实感。而当我们挑战"做不到""不可能做到"的事时，我们会充满激情。如果前方是我们向往的未来，就更加振奋人心了。

当我们"做成了"的瞬间，我们会获得喜悦、满足、成就感与充实感。小时候，当我们记住了九九乘法表，学会了双摇跳绳，学会了骑自行车时，应该都感受到了"做成了"的喜悦。

即使挑战失败了，只要拼尽了全力，我们也不会后悔。我们可以从失败中收获很多。

一般情况下，认为"不太可能做到"的时候，正是考验我们能否有效利用逆算思维的时候。对于不曾经历过的事情，如果我们问自己"能做到吗"，我们往往会回答"做不到"。为什么呢?

因为我们没有成功做成这件事的经历。"好像
很难""做不到",如果一开始就抱着这样的想
法,我们只会不断找出做不到的借口或提出轻
松舒适的替代方案:如果是这种难度,或许可
以做到。

"怎样才能做到呢""需要些什么""该怎样做
才能弥补不足",基于这样的想法去寻找解决方
案,这才是逆算思维(见图4-10)。如果经过认
真思考后仍然找不到解决方案,就去找别人商量。
凡事都想亲力亲为的人,发展会受限。当你灵光
一闪有了好主意,但无法仅凭一人之力实现它的
时候,就应该找别人帮忙。

战胜"做不到"的方法:
- 寻找能做到的方法
- 找人商量
- 请人帮忙

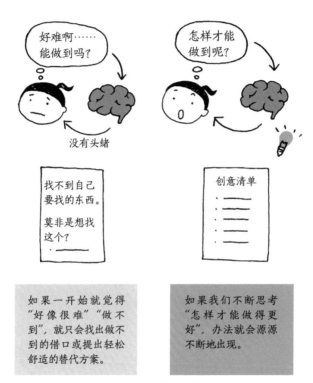

图 4-10　有效利用逆算思维

使用逆算思维，就能克服"现在的自己做不
到"的心理。当自己曾经以为"做不到"的事居然
"做到了"时，那种喜悦会变成一种希望，让我们
觉得自己"还可以做到更多的事"（见图 4-11）。

如此，我们便会觉得未来更加可期。

图 4-11 "做到了"的喜悦

带着笑容前行
天下无敌

前行时，需要切实感受
到自己在靠近终点

因为快乐而能坚持，因为坚持而有收获。

专栏 一家四人都使用逆算手账，结果令人惊喜

我们采访了因为使用逆算手账而改变了人生的体验者。

天木摩纪（Amaki maki）女士
（40多岁，生涯规划私人教练，逆算手账·高级认证讲师）

现居日本爱知县丰田市。二孩妈妈，一个孩子是中学生，另一个是小学生。她以丰田市和名古屋市为据点，通过教练术和逆算手账结交好友，以此为终身事业。她帮扶同龄主妇创业或达成目标，面向自营业者开展心理支持等私人教练活动，与此同时，她还举办"亲子一起来逆算♪"等面向亲子的逆算手账工作坊活动。此外，她还制作并发行电子杂志，与读者分享提升主妇时间管理能力和行动力的小技巧。

博客网址：http://ameblo.jp/maki0411offical/。

1. 什么机缘巧合下，你开始使用逆算手账的？

　　我以前是个不折不扣的"手账难民"，每年都会购买 4 ～ 5 本手账，但没有一本能用得得心应手。当我下决心"这回一定要用好一本手账""我要把逆算手账运用到工作中"的时候，我从小堀女士的电子杂志上看到有一个认证讲师培训班，便立即报名参加，从而正式开始使用手账。我相信这本手账一定能助力很多人实现梦想。

2. 使用逆算手账后，你发生了什么变化？

　　使用手账后，我感触最深的是，一天的时间似乎变长了。每周、每个月的生活变得更充实了。每当一个月结束的时候，我都能体会到成就感和充实感，甚至想为自己点赞，说一句"这个月你真的很拼"。在此之前，我只会瞎忙，只会漫无目的地努力，感觉时间转瞬即逝。逆算手账让我明确了自己的愿景，我的目标意识增强了，我会经常问自己"做这件事是为了什么"。也因此，不必要的事情大幅减少了。

此外，还有一个很大的变化，就是"我对现在的自己很放心"。以前，无论我努力做什么事，都会感到无以名状的焦虑与不安，会忍不住想"现在的我能行吗"。使用逆算手账后，我开始明白"自己目前正在实现梦想的路上"，从而摆脱了不必要的不安情绪，变得积极向上了。

3. 全家人一起使用逆算手账后，出现了什么样的变化？

首先，全家人都开始使用逆算手账这件事，其实也让我感到很震惊。起初是我为了获得讲师资格证，每天都会写手账，我的大女儿看见后就说她也想试试。

后来，二女儿看到大女儿在写手账，也说想试试。于是一不做二不休，我干脆给老公也发了一本手账。每个人都有各自具体"想要的东西""理想的状态""希望成为的样子",因此,家人之间就出现了新的互动。

只要一有什么想法,就会有人说"把它写进手账吧",如果我在做一件什么事,就会有人问"手账里写着这件事吗",等等。大家拥有共同的工具,这让我们感受到了一种凝聚力。

另外,对于那些"一直想做却没能真正着手做"的事,我们的行动力和持续力都得到了提升。

比如,我老公的力量训练。去年年末给了他手账后,不知从何时起,他已经开始做力量训练了。不知不觉地,我发现他每天都会坚持训练。他在吃饭或看报时,会不停地摸自己的胸部,开心地欣赏自己的胸肌。有一次,我问他:"你为什么会坚持力量训练啊?"他回答说:"因为我把它写在手账里啦。"他经常会看自己的人生愿景图与心愿单。

在我的大女儿即将中考的时候,我都没见她学习过……不过,当她开始具体想象自己长大成人后的样子，开始思考"想如何度过高中与大学生活"时，她感觉到"这样下去不行"，突然有了学习的动力。不知不觉中，她开始以自己的方式写"学习日记"。后来她的学习成绩也有了提升，年级排名上升了 50 名左右。

我的二女儿只要发现了自己想要的东西、想去的地方或想吃的东西，就会立刻将其写进心愿单。不仅如此，每次外婆（或奶奶）来电话时，她都会把"想要的东西"一一大声读给对方听。因为她想去的地方或想吃的东西都非常明确，所以全家人打算一起出门时，会想"好不容易出去一趟"，然后按她的心愿单来决定行程。

最让我感觉到全家人都学会了"逆算"的事情，就是年末的大扫除。

大家在纸上写出了"需要打扫的地方"和"希望结束的时间"（这种做法可是头一次）。总共有 15 个地方需要打扫，我们一家四人都自觉地在需要打扫的地方写上了自己的名字。我让他们把

"对这次大扫除的期待"也一道写上，然后就收到了"每个角落都要细心打扫""不说丧气话""开开心心地结束大扫除""就像给自己的心做一次大扫除一样"等回答。

上小学三年级的二女儿最热心，谁目前在打扫哪里，哪里已经打扫完成了，哪里还没有打扫等，她对大扫除全程实施了监督管理。多亏了她，这次大扫除比以往都开心，转眼间就结束了。我们家的一个大项目顺利完成，大家一起出去吃了一顿美味的大餐。

4. 是什么促使你开始做"一起来亲子逆算♪"的活动的呢？

很简单，我的直觉告诉我"这个活动，孩子也应该参加"。

其实一直以来，我都希望能把教练法纳入小学德育课之类的课程中。从我开始做手账研讨会以来，有一点我感受最深，那就是"越是成年人，

越无法随心所欲地描绘出自己的梦想"。孩子是
未来的主人，成年人理应成为孩子的模范，然而
他们却无法让孩子们看到自己"为实现梦想而兴
奋不已"的样子，我对此感到沮丧。

　　我创业的理由之一，是想听到女儿们对我
说"这样的工作方式也不错""妈妈努力奋斗的样
子真酷"。父母要求孩子拥有梦想，又不允许他
们做不切实际的梦。父母对孩子说你可以拥有梦
想，但当孩子说"我想做一名 YouTuber"⊖时，父
母内心其实希望孩子能学业优异，考上一所好大
学，毕业后进入一家大公司工作。然而，面对持
有"工作只要能维持基本生活就行"这种想法的
孩子，父母又会抱怨他们没有梦想。我自己也有
这种想法。

　　如果大人们能以身作则，让孩子们看到大
人使用逆算手账实现梦想的快乐，看到大人在实

　　⊖　YouTube 是一个视频网站，美国最大的视频分享平
　　　　台。中国网友给它取名"油管"。YouTuber 是指在
　　　　YouTube 上上传原创视频的网络名人。——译者注

现梦想的过程中乐在其中的样子，就一定会对孩子们产生影响。逆算手账是激动人心地计划"该如何实现看似希望渺茫的梦想"的手账。我做这个活动，就是希望能让孩子们充分体验到这种兴奋感。

5. 对于开展"一起来亲子逆算♪"活动，你有什么感想？

　　我切实感觉到孩子们的思维能力远远超过大人们的想象。对孩子，几乎不需要做任何解释说明，他们就能写出自己的心愿（见图 4-12）。

　　反而是大人，要让他们写出自己的梦想，需要做很多说明，给他们看许多其他人写的范例，否则他们根本无法想象这是怎么回事。孩子们却不同，他们不看范例，想到什么就写什么，灵光一闪，就能写下许许多多快乐的事情。而且，更让大人们汗颜的是，孩子们清楚地知道"为了实现梦想，必须要做什么事"。

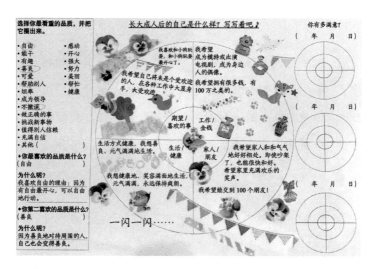

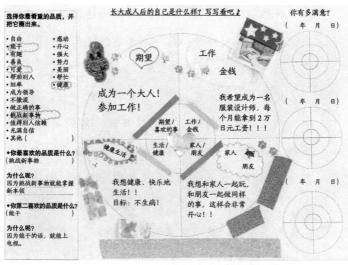

图 4-12　孩子们所写的人生愿景的实例

比如，有一个上幼儿园的女孩，她说"我的梦想是成为甜品师"。工作坊结束后，她在家里会主动去厨房帮忙做饭，因为她知道，"在家帮忙做饭"有利于她实现梦想。还有一个上小学的女孩，她的梦想是成为设计师。为了见到自己崇拜的设计师，她想到"首先要写一封信"，她还说："我已经把想采访他的问题写在笔记本里了"。

还有一个上小学的女孩对我说，每当她妈妈感叹"要是这样就好了"的时候，她就会说："你把它写到那本手账里吧。写了就能实现。"

到目前为止，凡是参加过我的活动的孩子，无论是幼儿园的孩子还是初中生，无一例外，都有梦想。此外，我也目睹了许多家长惊讶和激动的表情，他们看到了自己的孩子成熟的一面并为此感动。不仅仅是孩子们发生了巨大的变化，那些亲眼看见了孩子们畅谈梦想的大人们，也发生了巨大的变化，大家都在想"要去实现梦想"。

6. 今后想要挑战的事情是什么?

我想在全国各地举办"一起来亲子逆算♪"
活动。

我还想开发和销售《青少年逆算手账》,并举
办相关研讨会。目前组织的活动仅限于愿景制作
研讨会,今后还想举办面向孩子们的计划制订研
讨会,定期组织"青少年逆算手账研究"报告会。
我希望看到更多的孩子每天面带笑容地翻看写满
了梦想的手账。

举办面向成年人的研讨会,让更多的大人开
开心心;举办面向孩子们的研讨会,让更多的孩
子高高兴兴。

第 **5** 章

逆算手账法
案例介绍

如何消除虚无缥缈与心烦意乱

在第 2 ～ 4 章，我们介绍了从振奋人心的未来开始"逆算"，制订计划并稳步实现梦想的方法。在第 5 章里，我们将通过三个案例来看看逆算手账法的具体应用实例。

第一个案例的主人公是一位单身的公司职员，30 岁左右的 A 女士。

她觉得自己不能再这样下去了，得做点什么才行。但目标虚无缥缈，不知道从何下手。她希望自己的职业生涯能上一个新台阶，但结婚的压力与日俱增，一想到结婚和生育这样的人生大事，她便不知道该如何规划自己的未来。

第二个案例的主人公是一位职场妈妈，40 岁左右的 B 女士。

她每天忙于工作、家务和育儿，看起来每

天都过得很充实，但心里也有一丝模模糊糊的不安：这样下去真的好吗？是不是还有更重要的事要做？想做之事似有似无，总是忙于眼下的事情，没有心思静下来好好思考，日子就这样悄然而过。

第三个案例的主人公是一位家庭主妇，50 岁左右的 C 女士。

抚养孩子已经告一段落，因为长久以来的爱好就是制作面包，所以她想凭借这一手艺开一家面包店。不过，她的丈夫是上班族，亲戚朋友里也都没有个体户。C 在结婚之前曾有过短暂的在公司工作的经历，但仅此而已。该怎么开店，她一无所知。虽然有心尝试，但她并没有自信，甚至有点气馁。此外，她似乎并没有对什么感到特别不满，却有点心烦意乱，静不下心来。

那么，这三个人是怎样消除虚无缥缈、模模糊糊和心烦意乱的呢？我们将通过手账的填写实例来说明。

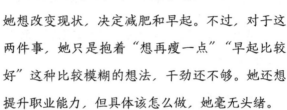

案例 1

单身的公司职员

30 岁左右的 A 女士

A 女士是一位平面设计师。
她想改变现状，决定减肥和早起。不过，对于这
两件事，她只是抱着"想再瘦一点""早起比较
好"这种比较模糊的想法，干劲还不够。她还想
提升职业能力，但具体该怎么做，她毫无头绪。

于是，她开始尝试写心愿单，描绘自己的人
生愿景。这样一来，她的目标逐渐明确了起来。
在工作上，她"希望能够凭借自己的知名度获得
工作机会"；在个人生活方面，学生时代的她一直
打网球，现在她想重拾网球拍，"通过兴趣爱好多
交朋友"并"和朋友们一起度过愉快的周末"。

虽然她目前还没有结婚的计划，但她假设自
己会结婚，并在此基础上制订了 10 年计划。制
订好计划后，她发现现在该做什么事变得更具
体了（相关图片见图 5-1、图 5-2 和图 5-3 ）。

具体想象一下 10 年后的样子，并用语言将其描述出来，便能知道自己现在该做什么。

10 年逆算表

具体地描绘出自己 10 年后想成为的样子，然后开始逆算。在备注栏里写上家人的年龄等信息，更有助于激发想象力。

制订计划。

	人生大事	职业生涯	学习、信息交流	生活方式	旅行
2028 年 37 岁	搬进自己的房子（有一个可以做烧烤的院子，附近有优质学校）	凭借自己的知名度就能获得工作；作为包装设计师，在业内小有名气	介绍世界各地的精彩设计，与各国设计师开展交流	身边有亲朋好友的陪伴，生活总是热热闹闹	研究受到当地人喜爱的商品设计，去 10 个以上国家旅行
2027 年 36 岁					
2026 年 35 岁		自己单干？			
2025 年 34 岁	第二个孩子出生				
2024 年 33 岁		育儿假，居家办公？	第 2 册		
2023 年 32 岁	第一个孩子出生		↑		
2022 年 31 岁	结婚		出版一本有关包装设计的书 ↑	在亲朋好友的簇拥下，举办婚礼派对	去马尔代夫度蜜月
2021 年 30 岁		挑战包装设计奖			前往意大利、法国，享受美食、艺术、设计之旅
2020 年 29 岁		提升工作能力			逛北欧超市和越南杂货小铺
2019 年 28 岁		告诉领导自己想集中精力从事包装设计	开设博客，介绍国内外精彩的包装设计	转变为晨型人，重新开始打网球	台湾美食之旅，逛加拿大超市

把结婚和生育等无法确定的事项也暂时加进去，你就会发现需要及时审视自己的工作方式，同时，去国外旅行的计划也不能拖延。

图 5-1　10 年逆算表的填写实例与讲解

先想想年末时想达成什么目标

年度逆算表

具体地描绘出自己1年后想成为的样子，使用逆算法制订计划。

	工作	博客	设计研究	生活方式	旅行
愿景	将想做之事告诉身边的人后，想做之事越来越多了	读者对我说"非常期待你更新博客"	兴趣范围缩小了	转型为晨型人，坚持打网球和慢跑，体力增强了	旅行的主题和目的非常明确，实现了深度旅行
12月					
11月		介绍加拿大（的设计）	重新梳理设计史		
10月				晨跑	
9月			定期浏览国内外和设计相关的博客	周末打网球	逛加拿大超市（暑假）
8月					
7月	（申请暑假调休）	介绍台湾（的设计）			
6月	养成上班前一小时到达公司的习惯			晨跑＆周末打网球	预约台湾美食之旅（五一黄金周）
5月		在博客上介绍自己钟爱的设计（每周更新一次）	信息整理		
4月				重新开始打网球 开始晨跑	预约
3月	面谈时，告知上司自己想专做包装设计	开始写博客	将想要传播的信息具体化。	22：00点前睡觉	
2月		做定制设计		养成22:30前睡觉的习惯	制作旅行目的地清单
1月		咨询如何开设博客		重新审视时间的使用方法	

具体地描绘出未来的样子后，"早起好像更好""想瘦一点"这样模糊的想法和目标变得更清晰了。不要急着改变生活习惯，通过制订阶段性改变计划，就能逐步改变生活习惯。

图 5-2 年度逆算表的填写实例与讲解

先写出"理想中的一天"的时间利用方法。"理想中的一天"与"现实中的一天"有什么区别？把工作和休息日分开考虑。

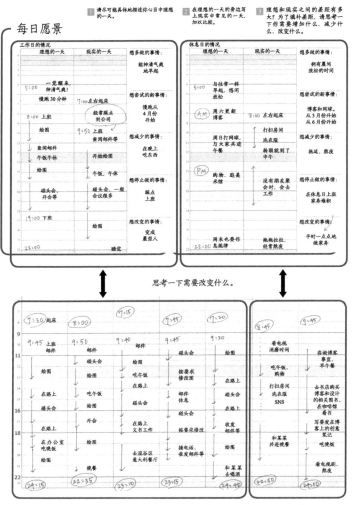

图 5-3　每日愿景和每周愿景的填写实例与解说

如果你想改变生活习惯，就要先记录并掌握现在的时间利用情况。

案例2

职场妈妈

40 岁左右的 B 女士

B 女士在工作、家务和育儿等方面都很努力，但她觉得生活应该不止于此，所以她还定期与朋友们见面。虽然她想尝试去做更想做之事，但每天忙忙碌碌的，她没有时间沉下心去思考。

她担心这样下去时间会白白地流逝，想拥有自己的时间。她从写心愿单开始。她发现以前虽然总是说"忙"，但只要挤一挤，时间总是会有的。她顺利地写出了人生愿景和计划。

在写的过程中，她发现自己"喜欢与人交往"。她现在是办公室文员，工作节奏比较容易适应，但她发现文书工作并不适合自己。她想从事更多能与人打交道的工作，她想到去做自己最喜爱的室内装饰顾问。因为她以前也经常帮朋友们挑选室内装饰物品，大家都很喜欢她的选择。

她还有其他想做之事，她借机将这些事梳理了一番（见图 5-4）。

B 女士原本喜欢旅行，但自从孩子出生后她就很少有机会出去旅行了。对此，她曾感到不满。如今孩子已经长大成人，一家人可以计划去国外旅行了。于是，他们一家人商量后决定明年暑假去夏威夷。

此外，学英语也是她一直想做之事，最后他们决定全家人一起学。他们设定了目标，要在明年暑假之前学会用英语购物和去餐厅点菜。

他们定了一条规矩，"吃晚饭时要说英语"，谁不小心说了日语，就罚 100 日元作为旅行基金。大家像玩游戏一样，开开心心地学英语。

以前总是觉到自己忙得不可开交，但当自己把这些事情整理在一张纸上时，整个人都神清气爽了（见图 5-5）。什么时候该做什么事，一清二楚，对未来也有了憧憬，心情变得澄澈而明朗。

项目规划 《筛选》 把你想做之事毫无保留地写出来。用激情与影响力两个指标加以判断，决定是否实施该项目。此外，还要敲定实施项目的顺序。

What 你想实现什么愿望	Purpose 为什么，目的是什么	激情	影响力	排序
从事室内装饰顾问的工作	喜欢与人打交道，希望通过室内装饰工作帮助到别人	[5]点	[5]点	1 P+I=[10]
多出去旅行。先和家人海外游，以后再独自去旅行	想与更多的人接触（因此想学会说英语）	[4]点	[3]点	2 P+I=[7]
能够用英语表达自己的意思	希望在旅途中能够与更多人交流	[3]点	[3]点	5 P+I=[6]
改变客厅的装饰（现在有点杂乱）	因为有孩子所以一度放弃了重新装饰客厅，但还是不喜欢现在的客厅的装饰	[4]点	[2]点	6 P+I=[6]
希望被称为"漂亮妈妈"	忙得顾不上打理自己，但还是希望美丽常在	[4]点	[3]点	4 P+I=[7]
除母亲和妻子的身份外，希望拥有属于"自己的时间"	我不知道具体想做什么，但希望拥有只做自己的时间	[3]点	[2]点	7 P+I=[5]
学会做可爱的便当	希望孩子们在打开便当盒的瞬间，脸上能露出灿烂的笑容	[4]点	[3]点	3 P+I=[7]

以5级标准给激情和影响力打分，将两项得分相加，就很容易确定顺序了。

图 5-4 项目计划表的填写实例与解说

注：写出你想做之事、在意之事。思考为什么想做这些事，目的是什么。

在15个月的甘特图上，悉数写出工作和私人生活中的想做之事，让自己能够把握全局，知道什么时候该做什么。

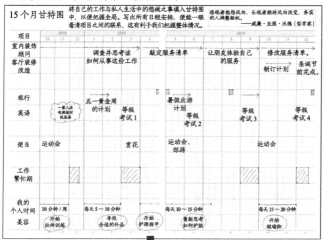

图 5-5　15个月和1个月的甘特图的填写实例与解说

注：除了记录计划安排，还要记录是否顺利执行，这有利于掌握进度。

案例3

全职主妇

50 岁左右的 C 女士

两个孩子都上了大学，她身为家长的责任告一段落。现在，无论是时间上还是心情上都更加游刃有余，她想尝试去做自己想做之事。可是，她却迟迟写不出心愿单。以往的人生里，C 女士形成了优先考虑他人的习惯，她已经不知道自己到底想做什么了。出现在她心愿单上的心愿，与她本人无关，都是她想为孩子们做的事。

于是，我让她先写不做之事清单，就是写下以往自己其实并不想做却做了的事（见图 5-6）。结果发现，"她讨厌不善于拒绝的自己"。C 女士心地善良，不擅长拒绝别人的请求，这正是她心烦意乱的原因所在。她决定今后要珍视自己的心声与乐趣，努力实现自己开面包店的梦想。

不做之事清单

· 因为无法拒绝而购买不需要的化妆品

· 试吃后，即使觉得味道一般，也会碍于面子购买下来

· 别人请我"帮一点小忙"时，我会不假思索地答应

· 站着与人闲谈很久

· 会看一个其实并不是很想看的电视节目

· 随身携带多张积分卡

· 我想把钱包清理干净

· 在意别人如何看待自己

· 寻找各种各样的借口

图 5-6 不做之事清单的填写实例与讲解

　　以前，C 女士总是倾听朋友们的倾诉，这次她下定决心，把想开面包店的想法告诉了朋友们。大家听了都很高兴，因为大家都知道 C 女士做的面包很好吃。有人把当地创业培训班的信息分享给 C，也有人告诉她人气面包店的相关信息，她搜集到了很多有用的信息。

　　有一天，在熟人的帮助下，有人答应把几年前创业开了一家面包店的女士介绍给她认识。那位女士曾经也是专职主妇，对于 C 女士来说真是再好不过的学习榜样了。C 女士虽然还是创业小白，但她拿着自己制作的创业计划书，去见了那位女士（见图 5-7 和图 5-8）。

　　C 女士或许还需要几年时间才能实现开面包店的梦想，但有了周围人的支持和鼓励，她正在一点点地向前迈进。

开业前的准备工作

① 决定店铺的理念、店铺名称、招牌产
品，撰写创业计划书
② 准备开业资金
③ 决定店铺的位置
④ 决定商品清单
⑤ 获取必要的资格证书或批准，申报
备案
⑥ 招募员工
⑦ 广告宣传

制订开业计划时，首先把必要事项
大致梳理出来。

想开一家什么样的店

↓

小时候和妈妈一起来买面包的孩子，
长大后还会自己来买的面包店。

↓

充满幸福回忆的味道　　幸福回忆

⋮

会定期想吃、无法忘怀的味道

↓

令人印象深刻的招牌产品

汇总了"我想这么做"的创意笔记。

提问清单

· 开业前最艰辛的事是什么？
· 开业后最艰辛的事是什么？
· 供应商要怎么找？
· 不同季节营业额的差别如何？
· 能否帮我看看创业计划书？

把想请教的事、关心的事汇总成提
问清单。

图 5-7　制订开业计划的实例与解说①

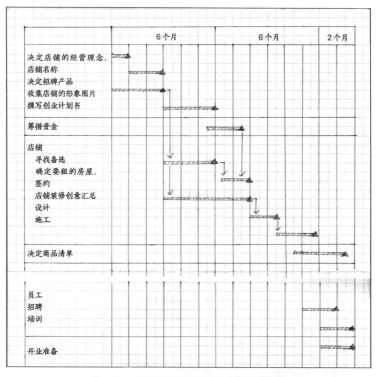

图 5-8 制订开业计划的实例与解说②

注：针对开业前要做之事，估算好大致时间后制作日程安排表。

结　语

理想的生活方式由自己决定

令你振奋的未来，是否已经清晰可见？

虚无缥缈的梦想和模糊不清的心愿，是否已经变得足够具体？

把梦想变为现实的方法非常简单。明确梦想或目标，以终为始，使用逆算法制订计划并执行。仅此而已。

光明的未来清晰可见，通往未来的道路也出现在眼前，此时，我们因未来模糊不清而产生的不安消失了，心烦意乱变成神清气爽，内心也变得平和。改变手账的使用方法，与改变每天的生活以及改变人生的活法一脉相通。

我们不应该把时间花在应付不得不做之事上，而应该一步一步、脚踏实地地实现想做之事，这样，每天都会快乐无比。

如果你还没有看到那个令自己振奋的未来，说明你对理想未来的信息掌握得还不够。人生有哪些活法，试着去搜集你觉得精彩的活法。

我一直在制作"拥有美好人生的前辈的活法"这个清单。

我关注两种人的活法，"善于生活的人"与"超过 100 岁还健健康康的人"。我从杂志上收集相关信息，也记录自己身边活得精彩的人的活法。在收集这些精彩活法的过程中，我们能渐渐明白自己追求的理想活法是怎样的。

我们要追求的并不是社会上一味推崇的"这才是理想"的活法，而是自己真正喜欢的理想活法。

电视和网络新闻大部分都是负面的，这些新闻助长了人们对未来的焦虑。这就像持续食用有害身体的食品必将导致身体垮掉一样，如果一直接收负面信息，我们的心情就只会越来越沉重。

把能让你看到光明的未来的东西汇总在一本手账里。植物会向着太阳茁壮成长，我们只要向着令人振奋的未来前行，就能精神百倍。

正如旅行者会随身携带地图和指南针一样，希望你也能把写着愿景和执行计划的手账一直带在身边。

希望这本写满了心愿的手账能给你带来更多欢笑。

小堀纯子

斯科特·H.扬系列作品

1年完成 MIT4 年 33 门课程的超级学神

ISBN: 978-7-111-59558-8

ISBN: 978-7-111-44400-8

ISBN: 978-7-111-52920-0

ISBN: 978-7-111-52919-4

ISBN: 978-7-111-52094-8